ユーキャンの

第4版

気象予報士

これだけ! 一問一答 & 要点まとめ

SUNNY

RAINY

CLOUDY

THUNDER

TYPHOON

SNOW

JN091544

ユーキャンの **気象予報士** ここがポイント
これだけ！ 一問一答&要点まとめ

☁ 最終チェックの強い味方！

ユーキャンの気象予報士『これだけ！一問一答&要点まとめ』は、試験直前にしっかり確認しておきたい事項を一問一答形式でコンパクトにまとめた問題集です。持ち運びに便利な新書サイズ&赤シートつきなので、いつでもどこでも手軽に学習できます。

☁ 学科試験対策630問＋実技試験対策4題35問！

過去の本試験の出題傾向の分析に基づき、繰り返し問われる重要ポイントを中心に630問の○×問題にしました。一部、実際の試験で出題された過去問題も収録しています。オリジナルの実技試験対策問題も4題35問掲載！

☁ 見開き掲載で知識の確認がスムーズ！

基本的に、左ページに問題、右ページに解答解説を掲載しているので、知識の確認がスムーズに行えます。解説部分は、赤シートを使って穴埋め問題としても活用できます。

☁ 図表でしっかり確認できる、まとめページ

「重要ポイントまとめて Check」では、特に大事なポイントをイラスト・図表などを用いて横断的に解説しました。○×問題と合わせて効率よく学習できます。

本書の使い方

本書は、○×形式の一問一答ページと要点まとめページで構成されています。一問一答ページで知識を確認、まとめページで重要ポイントを整理することができます。

☀ 一問一答で知識を確認

まずは、赤シートで右ページの解答を隠しながら問題を解き、自分の理解度を確認しましょう。

☀ 右ページの解説をチェック

間違えた問題はしっかり解説を読んで、確実に理解しましょう。正解した場合でも解説を読み、プラスαの知識を吸収しましょう。

直前期に、これだけ！は押さえておきたい基本事項を問う問題です。

●出典の明記
例【R4 ②改】…令和4年の第2回試験で出題されたことを表します。なお、Hは平成を、一部改変した過去問題には「改」と付記しています。

問題にも、解説にも、チェックボックスが2回分。繰り返しが学習効果を高めます。

●重要度

★ ★★ ★★★

低い ──→ 重要度 ──→ 高い

過去の出題傾向を踏まえた重要度を3段階で表示しています。

Q 138 ★★★
【H28②】 図は、北半球の高気圧を表しており、等圧線が同心円状に並んでいる。高気圧の中心から東に Rkm 離れた地点 A、および $2R$km 離れた地点 B の傾度風について、両地点で風速が同じであるとき、気圧傾度力の大きさは、地点 A のほうが地点 B より大きい。

地点Aの   地点Bの
傾度風   傾度風

Q 139 ★★★
北半球の中緯度を台風が南から北へ移動する場合、台風の進路の東側に位置する観測地点では、風向の時間変化は時計回りの変化となる。

Q 140 ★★
総観規模の低気圧において、傾度風の風速は、同じ気圧傾度をもつ地衡風に比べて大きい。

Q 141 ★
温度風は、下層の地衡風ベクトルの終点を始点とし、上層の地衡風ベクトルの終点を終点とするベクトルである。

重要ポイント まとめて *Check*

Point 1 大気の鉛直構造

まとめ整理 大気圏の4つの層の特徴

対流圏	・上層ほど気温は低下する（気温減率は平均で約6.5℃/km）。 ・対流圏界面の高度＝赤道付近で高い（約16km）、両極で低い（約8km）。夏は高く、冬は低い。 ・大気境界層（摩擦層）＝地表面から1kmまでの対流圏下層で、地表面の加熱や冷却、地形の影響を受ける層。地表面から高度約100mまでの接地層と、その上のエクマン層（混合層）に分けられる。 ・自由大気＝大気境界層の上の層で、地表面の影響を受けない層。
成層圏	・高度約20kmまでの成層圏下層は鉛直方向に気温がほぼ一定で、約20kmより上は、上層ほど気温は上昇する。 ・成層圏の大気を加熱しているのは、オゾンが太陽からの紫外線を吸収する際に発する熱。 ・高度約20～30kmにオゾン層が存在する。
中間圏	・上層ほど気温は低下する（気温減率は対流圏の半分以下）。
熱圏	・上層ほど気温は上昇する。 ・電離層が存在する。

←対流圏と成層圏の境界が対流圏界面、成層圏と中間圏の境界が成層圏界面、中間圏と熱圏の境界が中間圏界面である。

> ## まとめページで横断整理
> 一問一答だけではフォローしきれない重要項目を、まとめページでしっかり確認し、知識を整理しましょう。

> 的確な解説と図表やイラストで、重要項目を整理しました。赤シートを使うと、より効果的です。

> ## 解説ページは『穴埋め問題集』としても活用できます！
> 重要部分が赤字になっているので、赤シートを使って、穴埋め形式でチェックすることも可能です。

> 実技試験対策を4題35問！丁寧な解説でしっかり理解。

A 138 高気圧の場合の傾度風は、気圧傾度力と遠心力の和が、コリオリ力と釣り合って吹く。　✕

高気圧の場合：気圧傾度力＋遠心力＝コリオリ力

コリオリ力 C はコリオリ・パラメータを f、風速を V とすると fV なので、風速と緯度が同じ場合のコリオリ力は等しい。地点Bは地点Aから東側に位置しているので両地点の緯度は同じで、風速も同じなので両地点のコリオリ力は等しい。遠心力は、半径が小さいほうが大きいので地点Aのほうが大きい。したがって、コリオリ力が同じ両地点においては、遠心力が大きい地点Aのほうが、気圧傾度力は小さい。

A 139 北半球の中緯度を台風が南から北へ移動する場合、台風の進路の東側に位置する観測地点は、時間とともに、北寄り→東寄り→南寄りと時計回りに風向が変化し、西側に位置する観測地点では北寄り→南寄り→南寄りと反時計回りに風向が変化する。

A 140 低気圧の場合には、遠心力が増えた分だけコリオリ力が弱まり、地衡風に比べ傾度風の風速は小さい。遠心力が増えた分だけ傾度風の風速が大きいのは高気圧の場合である。　✕

A 141 温度風は下層の地衡風と上層の地衡風のベクトル差で、下層の地衡風ベクトルの終点を始点とし、上層の地衡風ベクトルの終点を終点とするベクトルである。

学科・一般 第5章 大

目次

ユーキャンの
『これだけ！一問一答＆要点まとめ』
ここがポイント……………… 3

本書の使い方……………… 4

気象予報士試験の概要…… 9

気象予報士試験の出題傾向と
重要項目………………… 10

学科・一般知識編

第1章　大気の構造
　1　大気の鉛直構造…… 14
　2　惑星の大気組成…… 18

第2章　大気の熱力学
　1　気圧と層厚………… 22
　2　相変化と水蒸気圧
　　　………………… 24
　3　断熱過程と温位・相当温位
　　　………………… 28
　4　大気の安定・不安定
　　　………………… 34

第3章　降水過程
　1　雲の生成と成長…… 50
　2　霧………………… 58
　3　雲………………… 60

第4章　大気における放射
　1　太陽放射と地球放射
　　　………………… 68
　2　大気と放射………… 70

第5章　大気の力学
　1　気圧傾度力とコリオリ力
　　　………………… 76
　2　風と力の釣り合い… 80
　3　大気の流れ………… 92

第6章　気象現象
　1　大規模現象……… 104
　2　低気圧・高気圧… 108
　3　中規模（メソスケール）・
　　　小規模現象……… 114
　4　台風……………… 118
　5　中層大気の運動… 122

第7章　気候の変動
　1　地球温暖化と異常気象
　　　………………… 128
　2　環境汚染と都市気候
　　　………………… 132

第8章　気象法規
　1　気象業務法の目的と観
　　　測の規定………… 138
　2　予報・警報行為の規定
　　　………………… 144
　3　予報業務の許可と罰則
　　　………………… 148
　4　気象予報士……… 156
　5　気象業務法の関連法規
　　　………………… 160

🌸 **学科・専門知識編**

第1章 観測成果の利用
    1 地上気象観測…… 170
    2 高層気象観測…… 178
    3 気象レーダー観測
        …………………… 186
    4 気象衛星観測…… 194

第2章 数値予報
    1 数値予報の考え方
        …………………… 210
    2 数値予報のデータ
        …………………… 218
    3 数値予報モデルの物理過
        程と基礎方程式 … 224
    4 アンサンブル予報
        …………………… 230
    5 数値予報プロダクトの
        利用と予報誤差… 234

第3章 短期予報・中期予報
    1 天気図………… 246
    2 高気圧・低気圧と天気
        …………………… 250
    3 前線と天気……… 258
    4 台風…………… 262
    5 予報の種類と予報区
        …………………… 268

第4章 長期予報
    1 長期予報の種類… 274

    2 東西指数と平年偏差
        …………………… 276

第5章 局地予報
    1 局地風………… 284

第6章 短時間予報
    1 降水短時間予報… 292
    2 ナウキャスト…… 296

第7章 気象災害
    1 気象情報………… 300
    2 気象災害………… 308

第8章 予想の精度の評価
    1 予想の精度の評価
        …………………… 316

第9章 気象の予想の応用
    1 天気予報ガイダンス
        …………………… 324
    2 予報の利用……… 330

⚡ **実技試験編**

チャレンジ‼実技試験… 334
実技1 ………………… 338
実技2 ………………… 348
実技3 ………………… 360
実技4 ………………… 370

本書に収録した気象予報士
試験の過去問題と解答・解
答例は、(一財)気象業務支
援センターの許可を得て掲
載しています。

重要ポイントまとめて Check 一覧

一般知識編

第1章　大気の構造
Point1　大気の鉛直構造 ………… 20
Point2　惑星の大気組成 ………… 21

第2章　大気の熱力学
Point3　気圧と層厚 ………… 44
Point4　相変化と水蒸気圧 ……… 45
Point5　断熱過程と温位・相当温位 … 46
Point6　大気の安定・不安定 …… 46
Point7　エマグラム ……………… 49

第3章　降水過程
Point8　雲と雨 ………………… 62
Point9　霧の種類 ……………… 64
Point10　雲の種類 ……………… 65

第4章　大気における放射
Point11　太陽放射と地球放射 … 74
Point12　大気と放射 …………… 74

第5章　大気の力学
Point13　気圧傾度力とコリオリ力 … 100
Point14　風と力の釣り合い …… 100
Point15　大気の流れ …………… 103

第6章　気象現象
Point16　大規模現象 …………… 124
Point17　低気圧・高気圧 ……… 125
Point18　中小規模現象 ………… 126
Point19　台風 …………………… 127
Point20　中層大気の運動 ……… 127

第7章　気候の変動
Point21　地球温暖化と異常気象… 136
Point22　環境汚染と都市気候 … 137

第8章　気象法規
Point23　気象業務法の目的と観測の規定
　　　　 ………………………… 166
Point24　予報・警報行為の規定… 167
Point25　予報業務の許可と罰則… 168
Point26　気象予報士 …………… 169
Point27　気象業務法の関連法規… 169

専門知識編

第1章　観測成果の利用
Point28　地上気象観測 ………… 206
Point29　高層気象観測 ………… 207
Point30　気象レーダー観測 …… 207
Point31　気象衛星観測 ………… 208

第2章　数値予報
Point32　数値予報の考え方 …… 242
Point33　数値予報のデータ …… 243
Point34　数値予報モデルの物理過程と
　　　　 基礎方程式 …………… 244
Point35　アンサンブル予報 …… 245
Point36　数値予報プロダクトの利用と
　　　　 予報誤差 ……………… 245

第3章　短期予報・中期予報
Point37　天気図 ………………… 270
Point38　高気圧・低気圧と天気… 271
Point39　前線と天気 …………… 272
Point40　台風 …………………… 273
Point41　予報の種類と予報区 … 273

第4章　長期予報
Point42　長期予報の種類 ……… 282
Point43　東西指数と平年偏差 … 283

第5章　局地予報
Point44　局地風 ………………… 290

第6章　短時間予報
Point45　降水短時間予報 ……… 298
Point46　ナウキャスト ………… 299

第7章　気象災害
Point47　気象情報 ……………… 314
Point48　気象災害 ……………… 315

第8章　予想の精度の評価
Point49　予想の精度の評価 …… 322

第9章　気象の予想の応用
Point50　天気予報ガイダンス … 332
Point51　予報の利用 …………… 333

【気象予報士試験の概要】

　気象予報士試験は（一財）気象業務支援センターが気象業務法に基づき、気象庁長官の指定（指定試験機関）を受けて行うものです。合格者が気象予報士の資格を有することを認定するために行われますが、気象予報士になるためには気象庁長官による登録を受けなければなりません。

■受験資格
　学歴、年齢、性別、国籍による資格の制限はありません。

■実施情報
　気象業務法施行規則第14条により、毎年少なくとも1回は行われることが規定されており、平成7年度以降は例年1月下旬と8月下旬の年2回、試験が実施されています。
　受験資料は、郵送、インターネット、窓口（閉鎖の場合あり）から入手（請求）でき、試験日のおよそ3か月前から頒布されています。
　試験に関する詳しい情報は、下記ホームページで確認できます。

（一財）気象業務支援センター試験部
〒101-0054　東京都千代田区神田錦町3-17　東ネンビル
TEL：03-5281-3664　　　URL：http://www.jmbsc.or.jp/

■試験科目
(1) 学科試験
　予報業務に関する一般知識、予報業務に関する専門知識
(2) 実技試験
　気象概況およびその変動の把握、局地的な気象の予報、台風等緊急時における対応

■試験形式

科目	方式	問題数	時間
一般	多肢選択式	15問	60分
専門	多肢選択式	15問	60分
実技	記述式。第1部、第2部に分けて行われる	大問4問程度（試験により異なる）	第1部、第2部でそれぞれ75分ずつ

■合格基準

学科試験（予報業務に関する一般知識）：15問中正解が11問以上 学科試験（予報業務に関する専門知識）：15問中正解が11問以上 実技試験：総得点が満点の70％以上

　ただしこれらは平均点により調整されることがあり、合格基準の実際については毎年試験後に、（一財）気象業務支援センターから発表されています。

＊上記の内容は、2023年11月現在のものです。今後、更新・変更されることも予想されるため、受験される方は支援センターホームページなどで最新の情報をご確認ください。

■気象予報士試験の出題傾向と重要項目

学科試験・一般知識

「予報業務に関する一般知識」は、次の8分野において出題されます。

①大気の構造 ②大気の熱力学 ③降水過程
④大気における放射 ⑤大気の力学 ⑥気象現象
⑦気候の変動 ⑧気象業務法その他の気象業務に関する法規

　最重要分野は、「大気の熱力学」と「大気の力学」です。これらの分野は、実技試験の基礎となるだけでなく、計算問題も多く出題されるため、数学や物理学の知識も必要となります。法令に関する問題も、毎回4題程度出題されており、法令問題を確実に正解することが、合格のポイントとなります。法令全体にまたがる複合的な問題が出題されるのが最近の傾向です。

●一般知識の出題傾向と重要項目

①大気の構造	一定の頻度で出題されている。最重要項目は「成層圏とオゾン」で、特に「成層圏における気温の極大高度とオゾン密度の極大高度」については過去何度も出題されている
②大気の熱力学	出題頻度の高い最重要分野。中でも最重要項目は「温位と相当温位」である。断熱変化・定圧変化などにおける大気の物理量の変化に関する問題が非常に多く出題されており、これらを解くには物理学の知識も必要である
③降水過程	一定の頻度で出題されている。重要項目はエーロゾルと凝結核、水滴と氷晶の成長、霧などである。計算問題(水滴の落下の終端速度など)は出題頻度は低いが難易度が高い
④大気における放射	一定の頻度で出題されている。重要項目は、黒体の放射特性に関する法則、太陽放射、地球放射、散乱、地球のエネルギー収支などである

⑤大気の力学		出題頻度の高い最重要分野。重要項目はコリオリ力、地衡風、傾度風、地上風、温度風、大気境界層、収束、渦度などで、極めて出題が多い。鉛直渦度や水平発散量を求める計算問題の難易度は非常に高い
⑥気象現象	大規模な大気の運動	出題頻度は比較的低い。重要項目は大気の大循環、地球のエネルギー収支などである
	中小規模の大気の運動	出題頻度は比較的高い。気象現象の中でも激しい現象を伴うものの出題が多く、重要項目は台風と積乱雲、竜巻、海陸風などである。なお、これらの項目は専門知識の試験でも出題されることがある。たとえば台風の問題では一般知識では主に発生過程について問われ、専門知識では構造（温度分布、雨・風の分布、最大風速の位置など）について問われている
	成層圏と中間圏内の大規模運動	出題頻度が比較的低く、出題される場合でも大気の鉛直構造やオゾンなど、他の分野との複合問題として出されることが多い
⑦気候の変動		一定の頻度で出題されている。温室効果気体、エルニーニョ現象、南方振動などが重要項目として挙げられる
⑧気象業務法その他の気象業務に関する法規		出題頻度の高い最重要分野。出題の中心は、気象業務法・施行令・施行規則で、例年はこれらから３問、災害対策基本法・水防法・消防法から１問出題されている。論点を同じとする類似問題が出題される傾向があるので、頻出条文を中心に学習することが合格のポイントである

「予報業務に関する専門知識」は、次の9分野において出題されます。

| ①観測の成果の利用 ②数値予報 ③短期予報・中期予報 |
| ④長期予報 ⑤局地予報 ⑥短時間予報 ⑦気象災害 |
| ⑧予想の精度の評価 ⑨気象の予想の応用 |

　最重要分野は、例年2～3問出題される「数値予報」ですが、その他の分野も比較的まんべんなく出題されています。特に、大雨、大雪や竜巻など災害をもたらす激しい気象現象に関連した「メソスケール気象」や「防災気象情報」の出題が増加傾向にあります。さらに、雲画像の解析や天気図の読み取りなど、実技試験のような内容が出題されるのも、近年の傾向といえます。その他、気象庁ホームページに出ている予報用語に関する出題も多くなっています。

●専門知識の出題傾向と重要項目

①観測の成果の利用	地上気象観測	出題頻度は比較的高い。気圧、気温、降水量、風向・風速、日射量、日照時間など観測に関する内容が、重要項目として挙げられる
	高層気象観測	一定の頻度で出題されている。ウィンドプロファイラ観測が重要項目で、高層風時系列図を読み取る実技試験的な問題も出題されている。
	気象レーダー観測	出題頻度は比較的高い。気象ドップラーレーダーの観測の仕組みとプロダクトが重要項目として挙げられる
	気象衛星観測	出題頻度は比較的高い。可視画像、赤外画像、水蒸気画像が重要項目で、実際の雲画像を示して気象状況の解析や雲（上層・下層雲、対流雲など）の判別を行う実技試験に近い問題が多く出題されている
②数値予報		専門知識での最重要分野。数値予報モデル（主に全球モデルとメソモデル）、数値予報プロダクト（海面気圧、相対渦度、鉛直 p 速度、渦度など）、予測可能性（パラメタリゼーションなど）、予報解析サイクルなどが重要項目として挙げられる

③短期予報・中期予報	出題頻度は比較的高い。南東象限で激しい気象現象を伴う寒冷低気圧（寒冷渦）や梅雨前線、台風などが重要項目として挙げられる
④長期予報	出題頻度は比較的高く、例年1問程度の出題がある。北半球月平均500hPa高度・平年偏差図と日本の天候の関係を読み取る問題、アンサンブル予報の読み取り、エルニーニョ現象の模式図を判定する問題が出題される傾向にある
⑤局地予報	近年出題頻度が高くなっている分野。積乱雲（ガストフロントやダウンバーストも含む）が最重要項目として挙げられる
⑥短時間予報	出題頻度は比較的高い。降水短時間予報と、それに関連する降水ナウキャスト、解析雨量が重要項目として挙げられる
⑦気象災害	出題頻度は比較的高い。予報区の区分や注意報・警報の定義、気象災害（集中豪雨、台風、高潮、大雪など）が重要項目として挙げられる
⑧予想の精度の評価	出題頻度は比較的高い。予報・実況のデータからの適中率、空振り率、見逃し率、捕捉率、RMSE、コスト・ロスなどを求める計算問題が中心で、計算そのものは簡単な問題となっている
⑨気象の予想の応用	出題頻度は比較的高い。風・気温・降水量などの各種ガイダンス、確率予報が重要項目として挙げられる。②の数値予報に関連して出題されることも多い

実技試験 (詳しくは p.334)

問題の形式には、穴埋め形式（学科知識の応用力を試す問題）、記述問題、前線や等値線の描画問題、各種天気図の読み取り問題などがあり、それぞれの問題に応じた対策が必要です。

1 大気の鉛直構造

★★★
Q 001 対流圏では高度が上がるとともに気温は低下する。

★★★
Q 002 対流圏界面の高度は、赤道付近で高く、両極で低い。

★★★
Q 003 対流圏の気温の鉛直分布は、短波放射と長波放射の
【H25②改】 平衡だけでほぼ決まる。

★★
Q 004 成層圏では、酸素分子が紫外線を吸収し光解離によ
【H30①】 り酸素原子となり、この酸素原子が別の酸素分子と
結合してオゾンが生成されている。

★
Q 005 電離層は、高度約 80km 以下の中間圏に位置して
いる。

★
Q 006 成層圏の気温の鉛直分布は、オゾンの紫外線吸収に
【H23②】 よる加熱と大気の長波放射による冷却の収支で近似
的に説明できる。

★★★
Q 007 成層圏では、オゾンが太陽からの紫外線を吸収して
【R4②】 大気を加熱しており、オゾンの数密度が極大となる
高度で気温も極大となっている。

地球大気の鉛直構造については、4つの層に区分された各層の温度変化の特徴を理解するとともに、現在の地球大気の組成も把握しておこう。

A 001 対流圏では高度が1km上がると、気温は平均で約6.5℃低下する。 ◯

A 002 対流圏界面は対流圏と成層圏の境界であり、赤道付近では16km程度、両極で8km程度である。なお、その高度は夏に高く、冬に低くなる。 ◯

A 003 対流圏の気温の鉛直分布は、短波放射と長波放射の平衡と、対流の効果によりほぼ決まる。 ✕

A 004 オゾンは、紫外線を吸収した酸素分子が酸素原子に分解（光解離）され、この酸素原子が周囲の酸素分子と結合して生成される。 ◯

A 005 電離層は高度約80km以上の熱圏に位置している。太陽放射の紫外線により窒素や酸素が電離され、自由電子やイオンの密度が大きい層である。 ✕

A 006 成層圏では、下層にある気温が一定の層は除いて、高度が上がるとともに気温も上昇している。この温度の鉛直分布は、オゾンが紫外線を吸収することによる加熱と、大気の長波（赤外線）放射による冷却とのバランスによるものである。 ◯

A 007 成層圏において気温が極大になる高度は高度約50kmの成層圏界面付近であるが、オゾンの数密度が極大となる高度は成層圏下層の約25kmである。 ✕

対流圏内の乾燥空気は主に窒素と酸素で構成されており、容積比でみると窒素が約78%、酸素が約21%となっている。

中間圏では高度が上がるとともに気温は低下する。

【R4①改】
乾燥空気の化学組成は、成層圏界面付近より上空では重力の影響によって分子量の大きい気体と小さい気体の分離が起こるため、高度によって異なる。

熱圏では高度が上がるとともに気温は上昇し、約1000K〜約2000Kに達する。

日中に地表面が日射で暖められて形成される混合層内の混合比は、下層ほど大きく上層ほど小さい。

地表面から高度約5kmまでを大気境界層といい、地表面での加熱や冷却、複雑な地形による摩擦などの影響を受ける。

地表面が日射で暖められると活発な対流が生じ、大気境界層内の鉛直方向の気温はほぼ一定になる。

A 008 対流圏内の乾燥空気の容積比は、窒素が約 ○
78%、酸素が約21%と、この2つだけで約
99%に達する。残りの1%にはアルゴンや二
酸化炭素が含まれる。

A 009 中間圏（高度約50km～約80km）はオゾン濃 ○
度が低く、オゾンによる加熱よりも二酸化炭素
による赤外線放射冷却の効果が上回るので、高
度が上がるとともに気温は低下する。

A 010 乾燥空気の化学組成は、高度約80kmの中間 ✕
圏界面付近までほぼ一定である。これより上空
では重力の影響のために高度によって異なる。

A 011 中間圏界面よりも上の熱圏（高度約80kmから ○
大気の上限まで）では、高度が上がるとともに気
温も上昇し、約1000K～約2000Kに達する。
このように温度幅が大きいのは太陽活動の影響
である。なお、熱圏には窒素や酸素の分子・原
子が紫外線やX線を吸収して電子やイオンに
解離・電離した電離層が存在する。

A 012 混合層内の混合比は、ほぼ一定である。混合層 ✕
内では対流によって鉛直方向に空気がかき混ぜ
られるため、混合比は鉛直方向にほぼ一定とな
る。なお、混合層の下の接地層の混合比は地表
面ほど大きい。

A 013 地表面から高度約1kmまでを大気境界層とい ✕
い、地表面での加熱や冷却、複雑な地形や構造
物による摩擦、植生などの影響を受ける。

A 014 暖められた空気は上昇すると温度が下がるの ✕
で、気温は一定にはならない。

2 惑星の大気組成

Q 015 大気中に含まれる水蒸気と二酸化炭素には温室効果としての働きがあり、大気の温度分布の形成に重要な役割を果たしている。

Q 016 地球表面の海水を含む水は、約97％が海水、約3％が地下水や湖沼水（こしょうすい）などとなっており、長期間で平均すると地球全体における蒸発量は降水量を上回っている。

Q 017
【H19②】
年平均した降水量と蒸発散量（じょうはっさんりょう）を比べると、海上では降水量よりも蒸発量の方が大きく、陸上では蒸発散量よりも降水量の方が大きい。

Q 018 気温と容積が同じであれば、水蒸気を含まない乾燥空気より水蒸気を含む空気の方が重い。

Q 019 実際の大気中には水蒸気が含まれており、乾燥大気に対する水蒸気の質量比は、対流圏中層で最も大きい。

Q 020 大気中に含まれるエーロゾルの量は、地表面付近で最も多い。

A 015 水蒸気や二酸化炭素には、地表面から放出される赤外線を吸収することで、大気を暖める温室効果としての働きがあり、大気の温度分布の形成に重要な役割を果たしている。　〇

A 016 地球全体における蒸発量と降水量は、長期間で平均すると釣り合っている。なお、地球上の水が蒸発→降水→流水→蒸発といった循環を繰り返すことを水の循環という。　✕

A 017 降水量と蒸発量の年平均した量を海上と陸上で比較すると、海上では蒸発量のほうが大きく、陸上では降水量のほうが大きい。なお、蒸発散量とは、植物の葉や茎などから大気中に放出される水蒸気量を意味する蒸散量と、蒸発量とを合わせた用語である。蒸散量は蒸発量と比較すると非常に小さいことから、蒸発散量は蒸発量と同じと考えることができる。　〇

A 018 水蒸気の分子量は約 18、混合気体である乾燥空気の平均分子量は約 29 であるため、水蒸気の比重は乾燥空気より小さい。そのため、気温と容積が同じであれば、比重が小さい水蒸気を含む空気の方が、含まない乾燥空気よりも軽い。　✕

A 019 大気中の水蒸気量は場所や時間により大きく変動するが、気温が高いほど多い。一般に地表面付近は気温が高いため、水蒸気の質量比は、地表面付近で最も大きくなる。　✕

A 020 土壌粒子や海塩粒子、汚染粒子など、大気中に浮遊している微粒子をエーロゾルといい、その量は、発生源の地表面付近で最も多い。　〇

Point 1　大気の鉛直構造

まとめて 整理　大気圏の4つの層の特徴

対流圏	・上層ほど気温は低下する（気温減率は平均で約6.5℃/km）。 ・対流圏界面の高度…赤道付近で高く（約16km）、両極で低い（約8km）。夏は高く、冬は低い。 ・大気境界層（摩擦層）…地表面から約1kmまでの対流圏下層で、地表面の加熱や冷却、地形の影響などを受ける層。地表面から高度約100mまでの接地層と、その上のエクマン層（混合層）に区分される。 ・自由大気…大気境界層の上の層で、地表面の影響を受けない層。
成層圏	・高度約20kmまでの成層圏下層は鉛直方向に気温が一定で、約20kmより上では、上層ほど気温は上昇する。 ・成層圏の大気を加熱しているのは、オゾンが太陽からの紫外線を吸収する際に発する熱。 ・高度約20〜30kmにオゾン層が存在する。
中間圏	・上層ほど気温は低下する（気温減率は対流圏の半分以下）。
熱圏	・上層ほど気温は上昇する。 ・電離層が存在する。

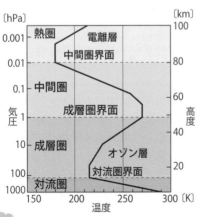

←対流圏と成層圏の境界が対流圏界面、成層圏と中間圏の境界が成層圏界面、中間圏と熱圏の境界が中間圏界面である。

- 混合層（対流混合層）では、温位、風速および混合比は高度によらずほぼ一定である。
- 成層圏の気温が上層ほど高いのは、太陽からの紫外線が大気を通過する際に上層、中層、下層と吸収されて弱まりながら下層に達することで、上層ほど紫外線吸収量が多くなるためである。
- オゾンの数密度が極大となるのは成層圏下層の高度約25kmである。
- 成層圏において気温が極大になる高度とオゾンの数密度が極大となる高度は異なる。
- オゾン（O_3）は、酸素分子（O_2）が紫外線を吸収して光解離により酸素原子となり、この酸素原子が酸素分子と結合して生成される。

O_2	+	紫外線	→	O	+	O
O	+	O_2	→	O_3		

☀ Point 2　惑星の大気組成

まとめて 整理　地球の大気

- 地球の大気中に含まれる水蒸気の濃度は場所によって異なり、気体（水蒸気）、液体（水）、固体（氷）と形を変えて気象に大きな影響を与える。
- 地表付近の水蒸気を除く大気組成は、容積比で、窒素（約78%）、酸素（約21%）、アルゴン（約0.9%）、二酸化炭素（約0.04%）、その他（約0.07%）となっている。
- 地上から中間圏界面付近（高度約80km）までは、乾燥空気（水蒸気を取り除いた空気）の化学組成は一定である。
- 地球の大気中に含まれるエーロゾルには、地表から吹き上げられた土壌粒子などの自然物と、化石燃料を燃やした際に発生する微粒子などの人為的なものとがある。
- 標準大気は、実際の大気の平均状態を表した基準値のことで、高度0kmにおいては、気圧が1013.25hPa、気温が15℃、密度が1.225kg/m³、平均分子量が28.964とされている。

第2章 大気の熱力学

1 気圧と層厚

★
Q 021 気圧は Pa（パスカル）や hPa（ヘクトパスカル）で表し、1 hPa ＝ 10Pa の関係にある。

★★★
Q 022 気圧、気温および空気密度には一定の法則があり、これらのうち 2 つの値が決まれば残る 1 つの値が決まる関係にある。

★★★
Q 023 大気中の空気塊に働く下向きの重力と上向きの気圧傾度力が釣り合っている状態を静力学平衡あるいは、静水圧平衡という。

★
Q 024 気圧の値が同じ高度を結ぶ面を等圧面といい、温度差によって等圧面に高度差が生じる。

★★★
Q 025 赤道付近と極付近の同じ高度における平均気圧を比較すると、極付近のほうが高くなっている。

温度・圧力（気圧）・密度の相互関係と、水の相変化に伴う熱の出入りについて理解しよう。温位や相当温位といった用語やエマグラムの読み方にも慣れておこう。

A 021 1hPa=100Pa の関係にある。なお、Pa は、力 ✕
の単位である N を用いて、N/m² とも表す。

・・

A 022 気圧、気温および空気密度の関係は、以下の気 ○
体の状態方程式で表せる。

$$p = \rho RT$$

（p は気圧 [Pa]、ρ は空気密度 [kg/m³]、T
は気温 [K]、R は気体定数 [J/K kg]）
気圧、気温、空気密度のうち 2 つの値が決ま
れば、残る 1 つの値が決まる関係にある。

・・

A 023 気圧傾度力とは、気圧の高いほうから低いほう ○
に働く力である。気圧は高度が上がるほど低く
なるので、鉛直方向の気圧傾度力は上向きに働
く。静力学平衡（静水圧平衡）の状態は以下の
式で表せる。

$$\Delta p = -\rho g \Delta z$$

（Δp は気圧差、ρ は空気密度、g は重力加速度、
Δz は厚さ）

・・

A 024 2 つの等圧面間の高度差を層厚（シネックス） ○
という。空気は、温度が高くなると膨張するた
め、層厚の大きさは層厚の平均気温に比例する。

・・

A 025 平均気圧は、赤道付近のほうが高くなっている。 ✕
空気は、温度が高いほど膨張して層厚が大きく
なる。気圧は下層ほど高いため、平均気温が高
い赤道付近のほうが等圧面高度は高くなり、等
高度における平均気圧が高くなる。

2 相変化と水蒸気圧

★★
Q 026
■■
0℃の氷が0℃の水に相変化する場合、温度が変わらないので熱は必要としない。

★
Q 027
■■
水蒸気が氷になること、あるいは氷が水蒸気になることを昇華といい、このときに周囲の空気に放出したり周囲の空気から吸収したりする潜熱を昇華熱という。

★
Q 028
■■
氷から直接水蒸気になるのに必要な潜熱は、水が水蒸気になるのに必要な潜熱に等しい。

★★
Q 029
■■
湿球温度は、空気が乾燥しているほど高くなる。

★★★
Q 030
【H22②】
空気塊の飽和水蒸気圧は、空気塊の温度だけでなく空気塊に含まれる乾燥空気の分圧にも依存する。

★★★
Q 031
■■
空気塊の温度が露点温度よりも高い状態にある空気塊は、未飽和の空気塊である。

A 026 ✕
氷から水へ、水から水蒸気へと相変化する場合、温度は変わらないが熱は必要である。この熱を潜熱（せんねつ）という。逆に水蒸気が水へ、水が氷へと相変化する場合には潜熱を放出する。一方で、温度を変化させる熱を顕熱（けんねつ）という。

A 027 ◯
気体である水蒸気が周囲の空気へ潜熱を放出して固体の氷になる変化と、固体である氷が周囲の空気から潜熱を吸収して気体の水蒸気になる変化を、いずれも昇華という。

A 028 ✕
氷が直接水蒸気になるときの潜熱（昇華熱）は、融解熱と蒸発熱の和である。

> 昇華熱＝融解熱＋蒸発熱

A 029 ✕
湿球温度は、温度を測定する感温部（かんおんぶ）を湿ったガーゼで包んだ湿球温度計で、通風によりガーゼに含まれる水を蒸発させてから読み取った温度である。空気が乾燥しているほど蒸発量が多く、水が蒸発の際に吸収する潜熱の効果が大きくなるため、熱を奪われる空気の温度（湿球温度）は低くなる。

A 030 ✕
飽和水蒸気圧は温度だけで決まる。乾燥空気の分圧は関係ない。空気が水蒸気で飽和している状態の水蒸気の密度を飽和水蒸気密度 [g/m³] といい、このときの水蒸気の分圧を飽和水蒸気圧 [hPa] という。

A 031 ◯
露点温度は空気中の水蒸気が飽和に達して凝結（ぎょうけつ）する温度なので、露点温度よりも温度が高いということは、まだ飽和に達していない未飽和の空気塊である。

Q032 気圧 1000hPa、温度 0℃、相対湿度 36％の湿潤
空気の水蒸気圧は 13hPa となる。なお、温度と飽
和水蒸気圧の関係は表に示すとおりである。

【H25①改】

温度 (℃)	0	5	10	15	20	25
飽和水蒸気圧 (hPa)	6.11	8.72	12.27	17.04	23.37	31.66

 Q033 空気が乾燥しているほど、湿数の値は小さい。

 Q034 単位体積の空気塊の混合比は、空気塊全体の質量に
対する空気塊中の水蒸気の質量の比で表される。

 Q035 空気塊の圧力が同じであれば、比湿がより大きい空
気塊の方が露点温度は高い。

【H23①】

 Q036 仮温度は、乾燥空気に対して、同じ圧力、同じ密度
をもつ湿潤空気の温度と定義される。

【R1①改】

 Q037 ある気圧における湿潤空気の温度と仮温度とを比べ
ると、仮温度の方が低い。

【R1①改】

A 032 相対湿度は次式で求められる。 ✕

$$相対湿度 [\%] = \frac{水蒸気圧}{飽和水蒸気圧} \times 100$$

温度が0度の飽和水蒸気圧は表より6.11hPa なので、水蒸気圧を e とすると、相対湿度 36%の水蒸気圧は e/6.11 = 36/100 である。

$$水蒸気圧 (e) = \frac{36}{100} \times 6.11 ≒ 2.2hPa となる。$$

 A 033 湿数は気温と露点温度の差（気温−露点温度）✕ を表す物理量で、乾燥しているほど値は大きい。

 A 034 混合比は、湿潤空気中の乾燥空気の質量に対す ✕ る水蒸気の質量の比である。

$$混合比 = \frac{水蒸気の質量}{乾燥空気の質量}$$

A 035 比湿は空気塊に含まれる水蒸気量を表す物理量 ○ で、水蒸気量が多いほど値は大きい。露点温度 は、未飽和の湿潤空気塊を圧力一定のまま冷却 して飽和したときの温度である。圧力が同じ場 合、空気塊中の水蒸気量が多い（比湿が大きい） ほど飽和に達する温度（露点温度）は高くなる。

 A 036 仮温度は、湿潤空気に対して、同じ圧力、同じ ✕ 密度をもつ乾燥空気の温度と定義される。

 A 037 仮温度を T_v、混合比を w、気温を T とすると、✕ 仮温度は次式で表される。

$$T_v = (1 + 0.61 \times w) T$$

$T_v = T + 0.61wT$ なので、水蒸気（混合比 w） を含む湿潤空気の温度 T と仮温度 T_v を比べる と、0.61wT の分だけ仮温度のほうが高いこと がわかる。

3 断熱過程と温位・相当温位

Q 038 ★★★ 未飽和の空気塊が断熱的に上昇する場合、空気塊の温度は 1 km 上昇するごとに約 10℃低下する。

Q 039 ★★ 【H27①】 湿潤断熱減率が乾燥断熱減率よりも小さいのは、飽和した空気塊を上昇させたときに発生する凝結熱が空気塊を加熱するからである。

Q 040 ★★★ 気圧 1000hPa の地表（高度 0 m）にある 25℃の未飽和の空気塊 A と高度 4km にある −10℃の未飽和の空気塊 B の温位を比較すると、温位は空気塊 B のほうが高い。ただし、乾燥断熱減率は 10℃ / km とする。

Q 041 ★★ 対流圏における平均的な大気の状態としては、温位は上層ほど低くなっている。

Q 042 ★★★ 【H24①】 温位が等しく気圧が異なる二つの乾燥空気塊がある。気圧が高い方の空気塊をもう一つの空気塊の気圧になるまで断熱的に膨張させた後、二つの空気塊の温位を比較すると、気圧が高かった空気塊の方が温位が低い。

A 038 ☐☐☐ 空気塊と周囲の空気との間に熱の出入りがない ○
状態で、空気塊が上昇して膨張したり、下降し
て収縮したりすることを断熱変化という。未飽
和の空気塊が上昇するときの温度低下率が乾燥
断熱減率であり、約10℃/km である。なお、
飽和状態の空気塊が断熱的に上昇するときの温
度低下率を、湿潤断熱減率という。

A 039 ☐☐☐ 空気塊に含まれる水蒸気が凝結するときに発生
する潜熱が空気塊を暖める効果を含む湿潤断熱
減率のほうが、乾燥断熱減率よりも小さい。

A 040 ☐☐☐ 温位は、空気塊を乾燥断熱変化で基準気圧の ○
1000hPa へ移動させたときの温度〔K〕で、0℃=
273K なので、それぞれの温位は
　　空気塊A：273+25=298K
　　空気塊B：273+(-10+4×10)=303K
したがって、温位は空気塊Bのほうが高い。

A 041 ☐☐☐ 対流圏の平均的な気温の変化率は約6.5℃/ ✕
km。空気塊が乾燥断熱的に上下動する場合の
変化率は約10℃/km なので、温位は1kmご
とに約3.5℃だけ地表より高くなる。つまり、
鉛直方向の温位は上層ほど高くなっている。

A 042 ☐☐☐ 温位が等しく気圧が異なる2つの乾燥空気塊は ✕
同じ乾燥断熱線上に存在する。同じ乾燥断熱線
上の空気塊の気圧を下げて（空気塊を上昇させ
て）断熱的に膨張させても、空気塊の温位は変
化しない（保存される）。

Q 043 空気塊が断熱的な運動をするとき、その空気塊は同
【H22②】 じ等温位面上にとどまる。

 Q 044 相当温位(そうとうおんい)は、空気塊に含まれる水蒸気の凝結による
潜熱の影響を無視した場合の温位である。

 Q 045 飽和相当温位は、空気塊の水蒸気が飽和していると
した場合の相当温位で、相当温位との差が小さいほ
ど湿潤である。

 Q 046 空気塊が断熱上昇するとき、相当温位は水蒸気が凝
結すると変化し、凝結しないと変化しない。

 Q 047 1000hPa より低い気圧で空気塊が凝結する場合、
【H29①改】 未飽和の湿潤空気塊の温位<相当温位<湿球温位(しっきゅうおんい)
の関係が成り立つ。

 Q 048 下図のように、西側山麓(さんろく)(高度 0 m)にある 15℃
【H24①改】 の未飽和空気塊が西側斜面に沿って上昇して高度
1000 m で飽和し、その後凝結した水分を落としな
がら山頂に到達し、さらに東側斜面に沿って東側山
麓(高度 0 m)まで下降した時の気温は 15℃ である。

ただし、空気塊は常に
断熱変化をし、乾燥断
熱減率を 10℃ /km、
湿潤断熱減率を 5℃ /
km とする。

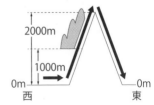

A 043 乾燥断熱変化を示す乾燥断熱線上における空気 塊の温位は同じであり、同じ等温位面上にある。 ○

 A 044 相当温位〔K〕は、湿潤空気塊に含まれる水蒸 気がすべて凝結して空気塊から取り除かれたと きの潜熱によって暖められた空気塊を、乾燥断 熱的に 1000hPa へ移動させたときの絶対温度 である。 ✕

 A 045 飽和相当温位は、空気塊が水蒸気で飽和してい ると仮定して求めた相当温位で、飽和相当温位 と相当温位の差が小さいことは湿潤であること を示している。 ○

学科・一般 第2章 大気の熱力学

A 046 湿潤空気塊の水蒸気が凝結するかしないかにか かわらず、相当温位は変化しない。 ✕

 A 047 湿球温位は、持ち上げ凝結高度から湿潤断熱的 に 1000hPa へ移動させたときの温度なので、 1000hPa より低い気圧で空気塊が凝結する場 合は、湿球温位＜未飽和の湿潤空気塊の温位＜ 相当温位の関係となる。 ✕

 A 048 西側山麓にある 15℃の未飽和空気塊は、飽和 に達する高度 1000 ｍまでは 10℃ /km の乾燥 断熱減率で、1000 ｍから 2000 ｍまでは 5℃ /km の湿潤断熱減率で気温が低下するので、山 頂での気温は、 15℃－（10℃× 1km）－（5℃× 1km）＝ 0℃ 山頂に到達した空気塊は、凝結した水分を落と して水蒸気量が減少しているため、山頂の空気 塊が東側斜面を下降する場合は乾燥断熱変化の 10℃ /km で気温が高くなり、東側山麓の気温は、 0℃＋（10℃× 2km）＝ 20℃となる。 ✕

Q 049 ★★
熱力学第一法則より、空気塊に加えられる熱量（ΔQ）、空気塊が行う仕事（ΔW）および内部エネルギーの増加（Δu）は$\Delta Q = \Delta W + \Delta u$の関係にある。このときの内部エネルギーの増加（$\Delta u$）は、温度に依存するため、定積比熱（$Cv$）を用いて$\Delta u = Cv\Delta T$と表される。

Q 050 ★★
【H24②】
夜間に晴れると放射冷却によって放射霧が発生することがあり、この場合には、霧粒周辺の空気は水蒸気の凝結の潜熱によって温められている。
地表から高度300mまでの層に一様な濃度の放射霧が発生し、この霧粒に含まれる水の量は、その全てが雨として降ったときの雨量に換算して0.03mmであるとする。また、この層内の空気の地表面1m²あたりの質量を300kg、空気の定圧比熱を1000JK⁻¹kg⁻¹、水蒸気の凝結の潜熱を2.5×10^6Jkg⁻¹、水の密度を10^3kgm⁻³としたとき、この霧の発生に伴う気温上昇量は2.5℃である。

A 049

熱力学第一法則は、物体（空気塊）に加えられた熱（ΔQ）が、仕事（空気塊の膨張）（ΔW）と内部エネルギーの増加（空気塊の温度上昇）（Δu）の和に等しいことを表す法則なので、 〇

$$\Delta Q = \Delta W + \Delta u$$

比熱（c）は、単位質量（1kg）の物質の温度を、単位温度（1K）上昇させるのに必要な熱量なので $c = \Delta Q / \Delta T$ である。定積変化の場合、体積膨張の仕事に使用される熱量がなく $\Delta W = 0$ なので、$\Delta Q = \Delta u$ である。

比熱（c）は $\Delta Q / \Delta T$ なので、定積比熱（Cv）の場合の $Cv = \Delta Q / \Delta T$ を用いて、内部エネルギーの増加（Δu）は、$\Delta u = Cv \Delta T$ と表される。

 A 050

霧粒を雨量に換算した 0.03mm より、水の体積は $0.03\text{mm} \times 1\text{m}^2 = 3 \times 10^{-5}\text{m}^3$、水の密度は 10^3kgm^{-3} なので霧となる水蒸気量は $3 \times 10^{-5}\text{m}^3 \times 10^3 \text{kgm}^{-3} = 0.03\text{kg}$ である。 ✕

水蒸気の凝結により空気に与えられる熱量（q）、質量（m）、定圧比熱（Cp）、気温上昇量（ΔT）には、次の関係が成り立つ。

$$q[\text{J}] = m[\text{kg}] \times Cp[\text{JK}^{-1}\text{kg}^{-1}] \times \Delta T[\text{K}]$$

水蒸気の凝結により空気に与えられる熱量 q は、凝結により生成される水の質量 0.03kg に水蒸気の凝結の潜熱 $2.5 \times 10^6 \text{J kg}^{-1}$ を乗じた $7.5 \times 10^4 \text{J}$、定圧比熱（Cp）は $1000\text{JK}^{-1}\text{kg}^{-1}$、地表面 1m^2 あたりの質量（m）は 300kg なので、

$7.5 \times 10^4 \text{J} = 300\text{kg} \times 1000\text{JK}^{-1}\text{kg}^{-1} \times \Delta T$

$30 \times 10^4 \text{JK}^{-1} \times \Delta T = 7.5 \times 10^4 \text{J}$

気温上昇量（ΔT）$= 7.5 \div 30 = 0.25\text{K}$

つまり、気温上昇量は、0.25℃ である。

4 大気の安定・不安定

Q 051
★★★
地表面で周囲の空気と同じ温度だった乾燥空気塊を断熱的に上昇させたときに、周囲の空気の気温減率が乾燥断熱減率よりも小さい場合の大気は、安定である。

Q 052
★★★
乾燥空気塊が断熱的に上昇していく場合において、周囲の空気の温位が高度とともに減少している状態にあるとき、その大気は安定である。

Q 053
★★★
周囲の空気の気温減率が湿潤断熱減率よりも小さい場合の大気は、絶対不安定である。

Q 054
★★★
【R3②改】
気温減率が一定で条件付不安定の状態にある大気において、高度 500 m で気温が 20℃、持ち上げ凝結高度が高度 1km の空気塊を、温度が 0.5℃下降するまで断熱的に持ち上げたとき、空気塊は下降を始める。ただし、乾燥断熱減率は 10℃ /km、湿潤断熱減率は 5℃ /km とする。

A 051 周囲の空気の気温減率が乾燥断熱減率よりも小さ○
い場合、空気塊の温度は乾燥断熱減率で下がる
ので、周囲の気温よりも低くなる。周囲の空気よ
りも密度が大きく相対的に重くなり、空気塊は元
の位置に戻ろうとするので、大気は安定である。

A 052 周囲の空気の温位が高度とともに減少している×
ことは、周囲の空気の気温減率が乾燥断熱減率
よりも大きいために、空気塊の温度のほうが高
くなり、さらに上昇することを意味する。つまり、
大気は不安定である。逆に、高度とともに温位
が増加している状態にある場合は安定である。

A 053 周囲の空気の気温減率が湿潤断熱減率よりも小×
さい場合は、上昇する空気塊の温度のほうが必
ず低温となって下降する。このような状態を絶
対安定という。湿潤空気塊の中で凝結が起きて
いない場合、空気塊の温度は乾燥断熱減率で変
化する。このとき周囲の空気の気温減率が乾燥
断熱減率よりも大きい場合は、空気塊の温度は
周囲の空気よりも高くなってさらに上昇する。
このような状態を絶対不安定という。

A 054 高度500mの空気塊の温度が、乾燥断熱減率○
で0.5℃下降すると仮定した場合の空気塊の上
昇高度は0.5℃÷10℃/km＝50mで凝結高
度の1kmには達しないので、空気塊は乾燥断
熱減率で変化する。条件付不安定の状態の大気
の気温減率は、乾燥断熱減率より小さく湿潤断
熱減率より大きい状態なので、乾燥断熱減率で
温度が下がる空気塊のほうが必ず低温となり、
0.5℃下降するまで断熱的に持ち上げたときの
空気塊は下降を始める。

高度 500m で 7 ℃、高度 2500m で −17℃の大気
は絶対安定である。ただし、乾燥断熱減率は 10℃
/km とする。

 上昇する前は安定な状態であっても、気層全体が持
ち上げられると不安定になる状態の気層を、対流
不安定な気層という。

 図は気層の安定性を模式的に示したものであり、太
【H29①改】 実線 AB は初期の気層の温度分布を、太実線 A′B′
は AB の気層全体が飽和するまで上昇した後の温度
分布を表している。対流不安定を説明する図として
最も適切なのは①である。

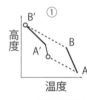

—— 乾燥断熱線　　…… 湿潤断熱線　　○ 持ち上げ凝結高度

 対流圏で生じることがある逆転層は、非常に不安定
な層である。

A 055 大気の気温減率は次の式で表せる。 ✕

$$大気の気温減率 = \frac{温度差}{高度差} \,〔℃/km〕$$

よって、

$$\frac{-17-7}{2.5-0.5} = -12℃/km$$

となり、大気の気温減率である 12℃/km が乾燥断熱減率の 10℃/km よりも大きいので、絶対不安定である。

A 056 気層全体が持ち上げられることで飽和に達し、 〇
大気中に内在する不安定が顕在化する気層を、対流不安定(潜在不安定)な気層という。

A 057 気層の下部 A と上部 B とで相当温位が異なり、 ✕
下部 A ほど相当温位が高い気層全体が上昇する場合、気層の下部 A も上部 B もまずは乾燥断熱線に沿って気温が変化するが、湿潤な下部 A のほうが飽和に達するのが早く、先に湿潤断熱線に沿って気温が変化するようになる。そのため、気層が上昇して飽和に達した後の A'B' の気温減率が上昇前の AB の気温減率よりも大きくなり、湿潤断熱減率より大きくなって気層が不安定化する。このような気層を対流不安定といい、②の状態が対流不安定の状態を示している。

A 058 対流圏では高度が上がるとともに通常は気温が ✕
低くなるが、高度が上がるとともに気温が高くなる逆転層が生じることがある。逆転層では、上に暖かくて軽い空気、下に冷たくて重い空気の分布となっているので、非常に安定している。

★★
Q 059
【H19②】
都市域では建物等による日中の蓄熱や人口排熱のために夜間における気温の低下が抑えられており、郊外に比べて放射冷却による接地逆転層は形成されにくい。

★★★
Q 060
高気圧の圏内において、上空の空気層全体が沈降して、断熱的に昇温することで形成される沈降性逆転層内では、上層ほど露点温度が急激に高くなっている。

★★
Q 061
性質の異なる2つの気団の境である前線に伴う転移層は、前線性逆転層である。

A 059 接地逆転層の形成要因の1つは、夜間の放射冷 ○ 却によって地表面に接する空気が冷やされるこ となので、夜間の気温の低下が抑えられる都市 域では、形成されにくい。他にも昼夜関係なく 冷たい海上を暖かい 空気が流れる場合に 形成されやすい。な お、接地逆転層内で は、気温が高くなる 上層ほど露点温度も 高くなっている。

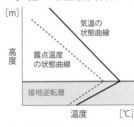

A 060 沈降性逆転層は、上空の空気層全体が沈降し、✕ 下降による断熱圧縮昇温で地表面から離れた高 度に形成される。乾燥断熱的に下降する空気は 約10℃/kmで昇温 し、沈降する空気は 急激に乾燥するので 露点温度が急激に低 くなる。そのため、 沈降性逆転層内の気 温と露点温度の差 は、大きくなる。

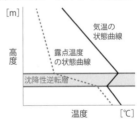

A 061 前線は寒気と暖気の境界であり、前線面では寒 ○ 冷な気団の上に温暖な気団が存在する。寒気と 暖気の境界で性質が異なる2つの空気が徐々に 変化している層(転 移層)では、上空ほ ど気温が高くなり前 線性逆転層が形成さ れる。前線性逆転層 内では、気温が高く なる上層ほど露点温 度も高くなっている。

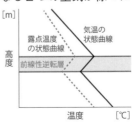

学科・一般 第2章 大気の熱力学

Q 062 エマグラム上に絶対温度で記入されている乾燥断熱線は、等湿球温位線でもある。

Q 063
【H27②】
地上では飽和していないが上空に条件付不安定な気層を持つ大気の状態曲線がエマグラムに記入されており、地上の気温が点 T_0 として示されている。この点 T_0 を通る乾燥断熱線と、地上の露点温度の点を通る等飽和混合比線との交点が持ち上げ凝結高度となる。

Q 064
【H27②改】
持ち上げ凝結高度を通る湿潤断熱線と、気温の状態曲線との交点(複数あるときは高度が最も低いもの)が自由対流高度となる。

A 062 持ち上げ凝結高度に達した空気塊を湿潤断熱線　✕
に沿って 1000hPa へ移動させたときの温度が
湿球温位なので、湿潤断熱線が等湿球温位線で
ある。なお、乾燥断熱線は等温位線である。

A 063 持ち上げ凝結高度は、空気塊を断熱的に持ち上　○
げたときに水蒸気が凝結して飽和に達する高度
である。地上の空気は飽和していないので、地
上の空気を持ち上げると乾燥断熱線に沿って上
昇する。この地上の気温である点 T_0 を通る乾
燥断熱線と、地上の露点温度を通る等飽和混合
比線の交点が持ち上げ凝結高度となる。

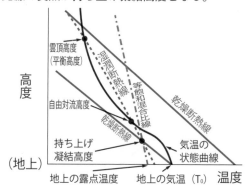

A 064 持ち上げ凝結高度より上では空気塊は飽和状態な　○
ので、湿潤断熱線に沿って上昇する。この湿潤断
熱線と気温の状態曲線が最初に交わる点が自由
対流高度である。自由対流高度より上では、空気
塊の温度は周囲の空気よりも高くて軽いため、上
昇流などの外的要因がなくても自らの浮力で上昇
する。（A063 の図を参照）

Q065 自由対流高度より上で、気温の状態曲線が湿潤断熱線と再び交わる高度を平衡高度といい、平衡高度は雲頂に対応している。

 Q066 エマグラムにおける自由対流高度は、雲底高度の目安となる。

 Q067 エマグラム上における空気塊の混合比は、空気塊の露点温度を通る等飽和混合比線の値である。

 Q068
【H25②】 図はエマグラム上での空気塊の断熱変化を模式的に表したものである。細線は観測された気温の鉛直分布（状態曲線）であり、太線は地上付近の A 点にある未飽和の空気塊を断熱的に持ち上げたときの温度変化である。この図において、ABC で囲まれた領域の面積が大きいほど対流が発生しやすい。

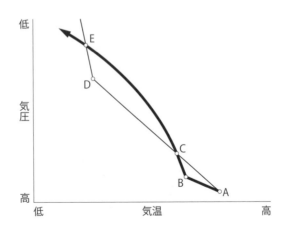

42

自由対流高度より上で、周囲の空気の温度と空気塊の温度が同じになる高度を平衡高度（雲頂高度）という。（A063の図を参照）　〇

 雲底高度の目安となるのは、空気塊が凝結に達する持ち上げ凝結高度である。　✕

A 067 空気塊の露点温度を通る等飽和混合比線の値が空気塊の混合比である。飽和混合比は、飽和水蒸気の密度の乾燥空気の密度に対する比である。　〇

A 068 A点の未飽和の空気塊を持ち上げると、乾燥断熱減率で上昇しB点の持ち上げ凝結高度で飽和に達する。B点より上は湿潤断熱減率で上昇しC点の自由対流高度で周囲の空気の温度と同じになる。C点より上は自らの浮力で上昇しE点の平衡高度で再び周囲の空気の温度と同じになり、空気塊は浮力を失う。　✕

ABCで囲まれた領域の面積を対流抑制（CIN）という。C点より下では空気塊の温度は周囲の空気の温度よりも低く、CINは空気塊をC点の自由対流高度まで持ち上げるために必要なエネルギーの大きさを表している。CINの面積が大きいほど、空気塊をC点まで持ち上げるためのエネルギーが多く必要なので、対流が発生しにくくなる。

一方、CDEで囲まれた領域の面積を対流有効位置エネルギー（CAPE）といい、積雲対流が発達するためのエネルギーの大きさを表している。CAPEの面積が大きいほど、対流が発達する。CAPEがCINより大きいほど、大気の潜在的な不安定度は大きい。

Point 3 　気圧と層厚

重要公式

・気体の状態方程式　　$p = \rho R T$
（p は気圧〔Pa〕、ρ は空気密度〔kg/m³〕、R は気体定数〔J/K kg〕、T は絶対温度での気温〔K〕）

・静力学平衡（静水圧平衡）の式　　$\varDelta p = -\rho g \varDelta z$
（$\varDelta p$ は気圧差、ρ は空気密度、g は重力加速度、$\varDelta z$ は厚さ）

■ 気圧

・大気の圧力のことで、単位は hPa である。
・1 hPa ＝ 100Pa ＝ 100 N /m²
・大気中の各高度における気圧は、静力学平衡の関係から、その高度より上空にある大気の重さに等しい。

■ 層厚

・気圧が同じ高度を結ぶ線を等圧線といい、気圧が同じ面を等圧面という。
・2つの等圧面の高度差を層厚（シネックス）といい、層厚の平均気温が高いほど層厚は大きく、密度は小さい。
・対流圏内において、低緯度ほど平均気温が高く、高緯度ほど平均気温が低いため、同じ高度における平均気圧を比較すると、低緯度側のほうが高い。

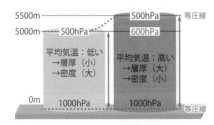

←気圧は下層ほど高いため、左模式図のように 5000 m の高度の気圧は平均気温が低いと 500hPa、高いと 600 hPa などと、平均気温が高いほど高くなる。

☀ Point 4　相変化と水蒸気圧

■ 相変化

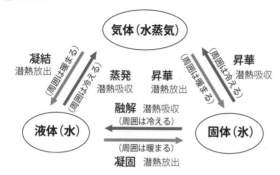

重要公式

- 混合比 = $\dfrac{\text{水蒸気の密度（単位容積に含まれる水蒸気の質量）}}{\text{乾燥空気の密度}}$

- 比湿 = $\dfrac{\text{水蒸気の密度}}{\text{湿潤空気の密度}}$

- 相対湿度〔%〕 = $\dfrac{\text{水蒸気圧}}{\text{飽和水蒸気圧}} \times 100$

- 湿数〔℃〕 = 気温 − 露点温度

重要用語 確認

水蒸気圧〔hPa〕	空気中の水蒸気の分圧。
潜熱〔J/kg〕	相変化するときに周囲の空気から吸収、または周囲の空気に放出される熱。
露点温度〔℃〕	空気中の水蒸気が飽和して凝結するときの温度。露点温度が高いほど空気中の水蒸気量が多い。
仮温度〔K〕	ある混合比の湿潤空気と同じ気圧と密度をもつ乾燥空気の温度。仮温度を T_v、混合比を w、乾燥空気の温度を T とすると次の式で表せる。 $T_v = (1 + 0.61w)\,T$ なので、$T_v > T$ となる。

☀ Point 5　断熱過程と温位・相当温位

重要用語 再 確認

乾燥断熱減率〔℃/km〕	未飽和の空気塊が断熱的に上昇するときの温度減率で、1km ごとに約 10℃低下する。
湿潤断熱減率〔℃/km〕	飽和状態の空気塊が断熱的に上昇するときの温度減率で、1km ごとに平均で約 5℃低下する（温度や気圧によって変化が大きい）。
温位〔K〕	空気塊を 1000hPa へ乾燥断熱的に（乾燥断熱変化で）移動させたときの温度。
相当温位〔K〕	空気塊に含まれる水蒸気がすべて凝結する高度まで空気塊を持ち上げ、そこから乾燥断熱的に 1000hPa へ移動させたときの温度。

☀ Point 6　大気の安定・不安定

■ 乾燥空気塊の安定・不安定

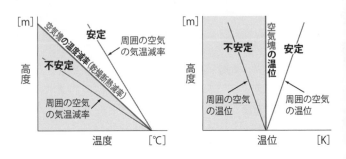

空気塊と同じ高度の周囲の空気との比較で判断する。

■ 水蒸気を含む空気塊の安定・不安定
・絶対安定
乾燥断熱減率＞湿潤断熱減率＞周囲の空気の気温減率
・条件付不安定
湿潤断熱減率＜周囲の空気の気温減率＜乾燥断熱減率
・絶対不安定
湿潤断熱減率＜乾燥断熱減率＜周囲の空気の気温減率

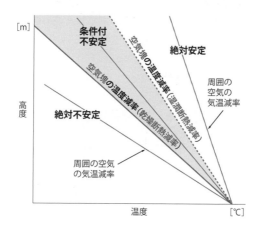

■ 対流不安定（潜在不安定）

　相当温位が高度とともに減少している層を、対流不安定な層という。気層全体が上昇すると、まずは気層全体の気温は乾燥断熱線に沿って下がり、やがて気層下部Aが先に凝結高度に達する。凝結高度に達した気層下部Aの気温は湿潤断熱線に沿って下がり、未飽和のままの気層上部Bの気温は引き続き乾燥断熱線に沿って下がる。このように、気層全体が飽和に達した後の気温減率が上昇前の気温減率よりも大きくなり、湿潤断熱減率より大きくなって、気層が不安定化する層が、対流不安定な層である。

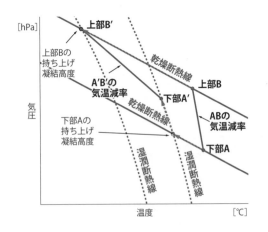

☀ Point 7　エマグラム

　エマグラムには、乾燥断熱線、湿潤断熱線、等飽和混合比線、気温の状態曲線、露点温度の状態曲線などが表示され、大気の鉛直安定度や空気塊の断熱過程の把握などに用いられる。

重要用語 🔍再 確認

持ち上げ凝結高度	持ち上げられた空気塊が飽和に達する高度。空気塊が通る乾燥断熱線と空気塊の露点温度を通る等飽和混合比線の交点。
湿球温位	持ち上げ凝結高度から湿潤断熱線に沿って1000hPaへ移動させたときの温度。
自由対流高度	空気塊の温度と周囲の空気の温度が同じになる高度。空気塊が通る湿潤断熱線と気温の状態曲線の（高度が最も低い）交点。
雲頂高度 （平衡高度）	自由対流高度より上で再び空気塊の温度と周囲の空気の温度が同じになる高度。空気塊が通る湿潤断熱線と気温の状態曲線の交点。
飽和混合比	温度と気圧の関数。 $$飽和混合比 = \frac{飽和水蒸気の密度}{乾燥空気の密度}$$
CAPE （対流有効位置エネルギー）	自由対流高度から平衡高度までの間の湿潤断熱線と気温の状態曲線で囲まれた面積に比例する量で、積雲対流が発達するためのエネルギー量。面積が大きいほど、大気は成層不安定な状態。
CIN（対流抑制）	空気塊を自由対流高度まで持ち上げるために必要なエネルギー量。面積が大きいほど、対流は発生しにくい状態。

1 雲の生成と成長

水蒸気が凝結して水滴を生成する際の核としての働きをもつエーロゾルを、凝結核という。

凝結核を持たずに形成された純水の微小水滴が、水滴として平衡状態を維持するためには、小さい水滴ほど過飽和度が大きい必要がある。

水溶性のエーロゾル粒子には、溶け込んだ液体の飽和水蒸気圧を高くする働きがある。

Q 072
【H18②】
一般に、海上にある雲内では、海塩核によってできた雲粒が多く、陸上にある雲内に比べて雲粒の大きさが大きく、単位体積当たりの雲粒の数は少ない。

Q 073
【H24①】
吸湿性のエーロゾルは、半径が大きいほど雲粒生成のための凝結核として有効に働く。

水蒸気がエーロゾルを核として雲粒になり、雨粒に成長する仕組みを確認しておこう。また、暖かい雨を降らす雲と冷たい雨を降らす雲のできかたの違い、霧の種類を把握しよう。

A 069 吸湿性や水溶性のエーロゾルは凝結核として働く。　○

A 070 水滴に入りこむ水蒸気分子数と出ていく数が同じ場合を、平衡状態（飽和の状態）という。また、空気中の水蒸気密度（圧）が、平面の水面に対する飽和水蒸気密度（圧）より大きい状態を、空気は水蒸気で過飽和の状態といい、過飽和度 [%] で表す。微小水滴は、半径が 1 μm の場合は相対湿度 100.1 %（過飽和度が 0.1 %）、半径が 0.01 μm の場合は相対湿度 112% 以上のときに平衡状態を維持することができる。　○

A 071 水溶性のエーロゾル粒子には、溶け込んだ液体の飽和水蒸気圧を低くする働きがあるため、相対湿度 100% 未満でも水滴として存在可能。　×

A 072 海上では海水の飛沫がエーロゾルとして存在し、これが海塩核と呼ばれる凝結核となる。その数は陸上のエーロゾルほど多くないので、水蒸気量が同じ場合、単位体積あたりにできる雲粒の数は陸上の雲内より少なくなるが、1 つあたりの海塩核が受け取る水蒸気量は陸上の凝結核より多くなるため、雲粒は大きくなる。　○

A 073 水滴の発生・成長には、小さい水滴ほど大きい過飽和度を必要とする。半径が大きい吸湿性のエーロゾルを核とする場合は核そのものが大きく、小さい過飽和度で水滴になれるので、雲粒生成のための凝結核として有効に働く。　○

51

★★
Q 074 大気中で氷晶核として働くエーロゾル粒子の単位
体積あたりの数は、一般に、凝結核として働くエー
ロゾルの数より多い。

 ★★
Q 075 凝結核となる微粒子を含まない過冷却水滴は、周
【H24①】 囲の気温が−20℃まで低下すると自発的に氷晶と
なる。

 ★★★
Q 076 気温が0℃以下のとき、空気が氷晶に対しては過飽
【H23②】 和で、過冷却水滴に対しては未飽和になることはな
い。

 ★
Q 077 日本では、氷晶と過冷却水滴が共存している冷たい
雲から冷たい雨が降ることはほぼない。

★★★
Q 078 暖かい雲の中では、凝結過程と併合過程により雲粒
が生成されて成長する。

A 074 単位体積あたりの凝結核の数は、市街地で 10¹¹ 個、陸上で 10¹⁰ 個、海洋上で 10⁹ 個であるのに対して、氷晶核の数は 10 〜 10³ 個と、凝結核より氷晶核のほうが少ない。 ×

A 075 不純物を含まない純水で形成されている水滴の場合は、0℃以下になってもすぐには凍結せず、−40℃程度までは自発的に凍結することなく過冷却水滴として存在する。 ×

A 076 空気の飽和水蒸気圧は、0℃では氷晶も過冷却水滴も 6.105hPa と同じであるが、これより低温になると過冷却水滴のほうが大きくなる。たとえば− 10℃のときの飽和水蒸気圧は、氷晶に対しては 2.6hPa であるが過冷却水滴に対しては 2.86hPa である。そのため、空気が氷晶に対して飽和している状態あるいは過飽和の状態のときに、過冷却水滴がまだ飽和に達していない状態（未飽和）になることはある。 ×

A 077 氷晶と過冷却水滴が共存している雲を冷たい雲といい、冷たい雲から降る雨を冷たい雨という。日本では雲の高さの気温が 0℃以下のことが多いので、冷たい雲から降る冷たい雨が多い。 ×

A 078 雲の中の温度が 0℃以上で、雲の形成過程において氷晶を含まない雲を暖かい雲といい、暖かい雲から降る雨を暖かい雨という。暖かい雲の中では、過飽和の状態になった水蒸気が凝結核の働きによって凝結し、異なる大きさの雲粒となる。この成長過程を凝結過程という。さらに、大きい雲粒ほど落下速度が大きいので、雲粒が落下する過程で大きい雲粒が小さい雲粒にぶつかってくっつくことでより大きく成長する。この成長過程を併合過程という。 ○

一般に、雲内の水滴が併合過程で成長する場合の水滴の半径の単位時間あたりの増加率は、水滴の成長に伴って大きくなる。

 過冷却水滴を含む雲内に生成された氷晶は、過冷却水滴と衝突・併合する過程がないと雪に成長して地上に降ってくることはできない。

 気温が同じ場合は、雲内で成長した氷晶が落下する途中の大気が乾燥しているほど氷晶が融解して地上で雨になりやすい。

 氷晶の形状は、氷晶が成長しているときの温度と相対湿度によって決まる。

 ひょうは、積乱雲の内部に多数の過冷却水滴があり、また強い上昇流が存在するときに、上昇と下降を繰り返して成長する。

A 079 雲内に異なる大きさの水滴が存在する場合、半径が大きく落下速度が大きな水滴は、衝突・併合によってますます大きくなるので、水滴が大きく成長するのに伴って水滴の半径は加速度的に大きくなる。　○

A 080 過冷却水滴を含む雲内に生成された氷晶の成長過程には、水蒸気の昇華凝結過程、過冷却水滴の捕捉過程、氷晶同士の衝突・併合過程がある。そのため、過冷却水滴と衝突・併合する過程がないとしても、その他の成長過程によって、雪にまで成長して地上に降ってくることができる。　×

A 081 氷晶の融解速度は、氷晶が周囲の空気から熱伝導で受け取る熱（顕熱）と、氷晶の昇華の際に氷晶の表面から奪われる熱（潜熱）の大小関係で決まる。気温が同じ場合は、空気が乾燥しているほど氷晶の表面からの昇華が多くなるので、氷晶が受け取る熱より氷晶の表面から奪われる熱のほうが多くなる。そのため、大気が乾燥しているほど氷晶は融解しにくく、地上で雪となりやすい。　×

A 082 氷晶は、温度によって細長い柱状になるか薄く広がる板状になるかが決まり、これに加えて、空気の相対湿度（過飽和度）によって扇形や樹枝状などの形が決まる。　○

A 083 氷粒子が過冷却水滴を捕捉しながら落下して直径が2〜5mm程度に成長したものが「あられ」で、直径が5mm以上に成長したものが「ひょう」である。あられが強い上昇流の中で上昇と下降を繰り返すことでひょうに成長する。　○

Q 084
★
雲の形成初期における微小水滴はほぼ球形である
が、落下して水滴の半径が大きくなるにつれて水滴
に働く表面張力（ひょうめんちょうりょく）が弱まることで、球形から扁平（へんぺい）
と変化する。

Q 085
★★★
雲粒の落下の終端速度（しゅうたんそくど）は、雲粒の大きさによらない。

【R1①】

雲の形成初期の微小水滴には表面張力が強く働いているため球形をしているが、水滴の半径が大きくなるにつれて表面張力の影響が弱まり、周囲の空気からの抵抗力を受けて扁平（水滴の底の部分がつぶれて平らな形状）へと変化する。 ○

. . . .

 雲粒が空気中を落下する場合、重力加速度により時間とともに落下速度が増大する一方で、速度の増大に伴って増大する空気抵抗によって、ある速度に達したところで雲粒に働く重力と逆方向に働く抵抗力が釣り合って、一定の大きさとなる。このときの速度を終端速度といい、次の式で表せる。 ✕

$$mg = 6 \pi \, \eta \, r V \quad \text{(バイエータ)}$$

（m は雲粒の質量、g は重力加速度、η は空気の粘性係数、r は雲粒の半径、V は終端速度）
雲粒の質量（m）は、雲粒の密度（ρ）と体積である $4\pi r^3 / 3$ の積なので、次の式で表せる。

$$m = \frac{\rho \times 4 \pi r^3}{3}$$

m の右辺を上式の m に代入して整理すると終端速度（V）は、次の式で表せる。

$$V = \frac{2 \rho g \times r^2}{9 \eta}$$

この式より、雲粒の落下の終端速度（V）は、雲粒の半径の2乗に比例することがわかる。
ただし、雲粒の半径が1mm程度より大きくなると、水滴の形が球形ではなくなり空気抵抗が大きくなるので、雲粒の落下の終端速度は半径の1/2乗に比例する。

2 霧

Q 086 小さな水滴が大気中を浮遊して水平視程が1km未満の状態を霧といい、水平視程が1km以上、10km未満の状態をもやという。

Q 087 放射霧は、厚い雲があって地表付近の気温が下がりにくい夜間に発生する霧である。

Q 088 春から夏にかけ、北海道東方沖から三陸沖で発生する海霧は、移流霧の一種である。

Q 089 暖かい水面上に冷たい空気が流れ込んで発生する霧は上昇霧である。

Q 090 前線霧は、温暖前線に伴う雲から降る比較的暖かい雨が地表付近の空気に水蒸気を供給することで発生する。

A 086 小さな水滴によって水平視程が1km未満の状態を霧という。小さな水滴や湿った微粒子によって水平視程が1km以上、10km未満の状態をもやという。　○

A 087 放射霧は、風が弱く雲がない夜間に、放射冷却によって地表付近の空気が露点温度以下に下がったときに発生する。日の出から1～3時間すると消えて晴れてくる。　✕

A 088 移流霧は、暖かく湿った空気が冷たい地表面や海面上を流れるときに冷やされて発生する霧である。春から夏に北海道東方沖から三陸沖で発生する海霧は移流霧であり、長時間にわたって浮遊する。北日本にこの霧が流れ込んでくると冷害になりやすい。　○

A 089 移流霧とは逆に、暖かい水面上に冷たい空気が流れ込み、暖かい空気と混合して発生する霧は蒸気霧である。たとえば、冬の日本海で対馬暖流の上を寒冷な季節風が吹き渡るときに発生する霧は蒸気霧である。また、冬の早朝に湖上や川面で発生することもある。なお、上昇霧は山の斜面などに沿って上昇した空気が、断熱膨張で冷やされて発生する霧である。　✕

A 090 霧が発生する条件のひとつは、空気中の水蒸気が飽和することである。それには、①気温が低下して飽和する、②空気が混合して飽和する、③水蒸気が供給されて飽和する、の3つのケースがある。前線霧は③のケースである。　○

3 雲

Q 091 ★
雲の広がり方に着目すると、雲は層状雲(そうじょううん)と対流雲(たいりゅううん)に分類され、雲が現れる高さや形に着目すると10種類の雲形(うんけい)に分類される。

Q 092 ★
高度5〜13kmの上層の雲は、主に氷晶でできている。

Q 093 ★★
巻層雲(けんそううん)は上層にできる雲で、雲越しの太陽や月の周りに光の輪が見えるかさ現象が現れることがある。

Q 094 ★
巻積雲(けんせきうん)は毛のようなすじ状の上層雲なので「すじ雲」ともいわれる。

Q 095 ★
中層にできる高層雲(こうそううん)は、巻層雲と同じように空一面に広がるが、色は灰色である。

Q 096 ★★
高積雲(こうせきうん)は、低層から高層まで及ぶ暗灰色(あんかいしょく)の雲で、連続的な雨や雪をもたらす。

Q 097 ★★
層積雲(そうせきうん)と層雲(そううん)はともに下層の雲であり、層積雲は霧雨(きりさめ)を伴う。

Q 098 ★★★
雷や強い雨をもたらす積乱雲(せきらんうん)の雲頂は対流圏界面付近まで達することがあり、雲頂部が横に広がって、かなとこ状になることもある。

A 091 水平方向への広がりを持つ雲を層状雲、鉛直方 ◯
向への広がりを持つ雲を対流雲という。また、
10種類に分類された雲形を10種雲形という。

A 092 上層雲は高度5～13kmにできる雲で-25℃ ◯
以下と低温なので、主に氷晶によってできてい
る。

A 093 巻層雲（Cs）は上層にできる層状雲で、かさ ◯
現象の原因となる。薄いベール状に白く見える。

A 094 「すじ雲」といわれるすじ状の雲は巻雲（Ci） ✕
である。巻積雲（Cc）も上層雲だが、魚のう
ろこのような形をしているので「うろこ雲」と
いわれる。

A 095 高層雲（As）は2～7kmの中層にできる雲で、 ◯
巻層雲に似ているが、巻層雲より厚く、かさ現
象を伴わない。

A 096 低層から高層まで及ぶ暗灰色の雲で、連続的 ✕
な雨や雪をもたらすのは乱層雲（Ns）である。
高積雲（Ac）は小さな塊状の雲が集まった中
層雲で、「ひつじ雲」といわれる。

A 097 層積雲（Sc）と層雲（St）はともに下層雲だが、 ✕
霧雨を伴うのは層雲である。

A 098 対流雲には積雲（Cu）と積乱雲（Cb）がある。 ◯
ともに鉛直方向に成長するが、積乱雲は対流圏
界面付近まで達することがある。

Point 8　雲と雨

まとめて 整理　雲の生成と成長

　雲粒（氷晶）が生成されるには、水蒸気圧が飽和水蒸気圧を超えて過飽和（相対湿度が100%以上）になることと、凝結核（氷晶核）となるエーロゾルの存在が必要である。

■ エーロゾル
・大気中に浮遊している微粒子をエーロゾルという。
・エーロゾルは半径の大きさごとに、3つのグループに区分される。

エイトケン核	$0.005 \sim 0.2\,\mu m$
大核	$0.2 \sim 1\,\mu m$
巨大核	$1\,\mu m$ 以上

・エーロゾルのうち、水蒸気が凝結して水滴を生成する際に核として働くものを凝結核、氷晶を生成する際に核として働くものを氷晶核という。
・単位体積あたりの凝結核の数は氷晶核の数より多い。

凝結核の数			氷晶核の数
市街地	陸上	海洋上	
10^{11} 個	10^{10} 個	10^9 個	$10 \sim 10^3$ 個

※単位体積 [m³] あたりの数

■ 暖かい雨

・氷晶を含まない暖かい雲から降る雨。
・飽和に達した水蒸気が凝結核の働きによって凝結し、異なる大きさの雲粒となる凝結過程と、異なる大きさの雲粒が異なる速度で落下する過程で大きな雲粒が小さな雲粒にぶつかって取り込むことで成長する併合過程により成長。
・併合過程で成長する水滴の半径は、水滴の成長に伴って加速度的に大きくなる。

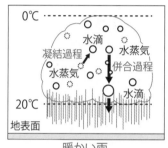

暖かい雨

■ 冷たい雨

・雲頂高度が高く雲頂温度が0℃以下と低温で、氷晶と過冷却水滴が共存する冷たい雲から降る雨。
・過冷却水滴を含む雲内に生成された氷晶の成長過程は、次のとおり。

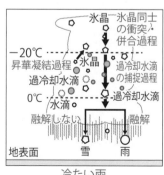

冷たい雨

水蒸気の昇華凝結過程	氷の表面の水蒸気に対する飽和水蒸気圧のほうが過冷却水滴の表面に対する飽和水蒸気圧より小さいことで、より早く飽和に達する氷晶がより早く成長する過程。
過冷却水滴の捕捉過程	昇華凝結過程によって成長した氷晶が、雲内の上昇気流や下降気流で移動する間に、過冷却水滴とぶつかって凍結することで成長する過程。
氷晶同士の衝突・併合過程	大きさの異なる氷晶が、異なる速度で落下して氷晶同士がぶつかってくっつくことで成長する過程。

☀ Point 9　霧の種類

　微小な浮遊水滴により水平視程が1km未満の状態を霧といい、微小な浮遊水滴や湿った微粒子により水平視程が1km以上、10km未満の状態をもやという。霧は、発生原因によって、次の5種類に大きく分類される。

放射霧	風が弱く雲がない夜間に、地表面からの赤外放射による放射冷却で、地表面付近の空気が冷やされて発生。日の出後は気温が上がるため、霧粒は蒸発して、消滅する。
移流霧	暖かく湿った空気が、温度の低い地表面や海面上に移動して冷やされて発生。北海道東方沖から三陸沖で春から夏にかけて発生する海霧など。
蒸気霧 (蒸発霧)	暖かい水面上に、冷たい空気が流れ込み、水面上の暖かい空気と混合して水面上の空気が飽和に達して発生。川霧など。
前線霧	温暖前線に伴う長雨で相対湿度が増大しているところへ、上空の暖気から比較的温度の高い雨粒が落下してくることで雨粒が蒸発して過飽和の状態となり発生。
上昇霧 (滑昇霧)	湿った空気が山の斜面などに沿って上昇し、空気が断熱膨張で冷やされて発生。山霧など。

☀ Point 10 　雲の種類

まとめて整理 📖 　雲の特徴

　雲の寿命は一般に、対流雲（数10分から数時間）よりも層状雲のほうが長い。

・温暖前線付近では上昇気流が弱いので、層状雲が生じやすい。
温暖前線付近の雲

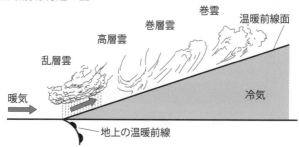

・寒冷前線付近では上昇気流が強いので、対流雲が生じやすい。
寒冷前線付近の雲

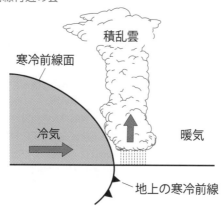

◼️10種類の雲分類（10種雲形）

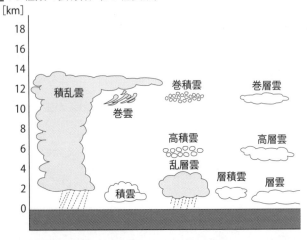

	温帯地方の主な高度	名称	国際記号	特徴
層状雲	上層 （5〜13km）	巻雲	Ci	白いすじ状・「すじ雲」
		巻積雲	Cc	白いさざ波状・「うろこ雲」
		巻層雲	Cs	白いベール状・「うす雲」
	中層 （2〜7km）	高層雲	As	灰色系・広い範囲に広がる・「おぼろ雲」
		高積雲	Ac	白または灰色の塊状の雲・「ひつじ雲」
		乱層雲	Ns	暗灰色・連続的な降水・低層から高層に及ぶ厚い雲
	下層 （〜2km）	層積雲	Sc	灰色・塊状の大きい雲
		層雲	St	雲底高度が一様・灰色・霧雨
対流雲	〜6km以上	積雲	Cu	雲頂は白・垂直にのび上面ドーム状
	〜12km	積乱雲	Cb	強い雷や雨・「雷雲」・「入道雲」

• Memo •

第4章 大気における放射

1 太陽放射と地球放射

 Q 099
【H27②】
太陽放射の全エネルギーの約半分は可視光線域にあり、残りのほとんどは赤外線域にある。

 Q 100
地球は、太陽放射によって熱を吸収するとともに地球放射によって熱を失って放射平衡を保っている。

 Q 101
地球の半径を r とすると、地球は太陽放射エネルギーを地球の表面積の $4\pi r^2$ で受け取っている。

 Q 102
春分の日、北緯60度の地点における南中時の太陽高度角は60度である。

 Q 103
【H26①】
太陽放射エネルギーが最大になる波長は約0.5μmであり、地球放射エネルギーが最大になる波長はその約40倍に該当する。

電磁波は波長によって放射エネルギーが異なることや、波長によって散乱のされ方や度合いが異なること、大気上端・大気・地表面でそれぞれ太陽放射と地球放射が釣り合っていることなどを理解しよう。

A 099 ■■ 太陽放射全体のエネルギーは、約半分の約46.6%が可視光線域（波長0.38〜0.77μm）、残りのほとんどの約46.6%が赤外線域（波長0.77μm〜）、これらの残りの約7%が紫外線域（〜波長0.38μm）にある。 ○

A 100 ■■ 入ってくる放射エネルギーと出ていく放射エネルギーが等しい状態を放射平衡といい、放射平衡の状態の温度を放射平衡温度という。地球は、255Kで放射平衡を保っている。 ○

A 101 ■■ 地球は太陽放射エネルギーを、地球の断面積（日射が当たる面積）である πr^2 で受け取っている。 ✕

A 102 ■■ 緯度φ（ファイ）における南中時の太陽高度角 α（アルファ）は、太陽光線と地球の赤道面がなす角度をδ（デルタ）とすると、

$$\alpha = 90 + \delta - \phi$$

δは春分と秋分で0度、夏至で+23.5度、冬至で-23.5度なので、α =90+0-60=30〔度〕 ✕

A 103 ■■ 太陽放射エネルギーが最大になる波長は約0.5μm、地球放射エネルギーが最大になる波長は約11μmなので、これらの比は0.5：11となる。つまり、地球放射エネルギーが最大になる波長は、太陽放射エネルギーが最大になる波長の約22倍に該当する。 ✕

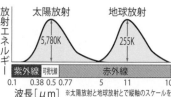

※太陽放射と地球放射とで縦軸のスケールを変え、両者の面積が同じになるように調整した図

地球は近似的に黒体と見なすことができる。

 地球に入射する太陽放射量に対する地球で反射された放射量の比をアルベドといい、地球に入射してきた太陽放射の約30%が地表面の反射によって宇宙空間に戻っている。

 黒体の表面から単位面積、単位時間あたりに放射される電磁波のエネルギーは、その黒体の絶対温度の4乗に比例する。

 黒体の単位波長あたりの放射強度が最大となる波長（λ_m）は、黒体の表面温度（T）に反比例する。

 大気中の粒子の半径が電磁波の波長よりも非常に小さい場合の散乱はレイリー散乱であり、日中の晴れた空が青く見えるのはこのためである。

 ミー散乱では、散乱の強さは電磁波の波長にあまり依存しない。雲が白く見えるのはこのためである。

A 104 黒体とは、照射された電磁波エネルギーのすべ ○
てを取り込み（吸収）、吸収したエネルギーを
すべて放出（放射）する仮想的な物体であり、
地球は近似的に黒体と見なすことができる。

A 105 地球に入射してきた太陽放射の一部は、大気中 ✕
の気体分子・エーロゾル・雲による反射と散乱
で約23%が、地表面による反射で約9%が宇
宙空間に戻っており、これらの和が地球全体と
してのアルベド（約30%）に対応している。

A 106 この関係をステフェン・ボルツマンの法則とい ○
う。単位面積から単位時間に放射されるエネル
ギーを I、黒体の絶対温度を T とすると、

$I = \underset{\text{シグマ}}{\sigma} T^4$ （σ はステフェン・ボルツマン定数）

A 107 黒体の単位波長あたりの放射強度が最大となる ○
波長（λ_m）が表面温度（T）に反比例する関係を、
ウィーンの変位則といい、次の式で表せる。

$\lambda_m = 2897/T$

2897は定数なので、分母の T の値が大きくな
ると、λ_m は小さくなる反比例の関係にある。

A 108 太陽光の可視光線域の波長は空気の気体分子の ○
半径よりもはるかに大きく、日中の晴れた空の
色はレイリー散乱による散乱光の色で、青色光
の波長が短く散乱強度が強いため青く見える。

A 109 雲が白く見えるのは、太陽光線が雲粒によって ○
ミー散乱され、散乱光が入射した太陽光と同じ
白色光に近いからである。

Q 110 波長 11μm を中心とする 8 ～ 12μm の赤外線領域に、窓領域(まどりょういき)と呼ばれる地球放射に対する大気による吸収が強い領域がある。

Q 111
【H23②改】 図は地球（地球大気と地球表層）について年平均したエネルギー収支を表し、大気上端、大気内部、地表面の間でやりとりされる、短波放射・長波放射の強さ、乱流(らんりゅう)による顕熱や潜熱の輸送量が示されている。折れた矢印は地表面または大気内部における短波放射の反射の強さを表している。大気上端、大気内部、地表面のそれぞれにおいてエネルギー収支は釣り合っている。外向き短波放射の合計から、地表面で反射される短波放射 A は 30Wm⁻² である。また、入射短波放射の収支から、地表面で吸収される短波放射 B は 174 W m⁻² となる。

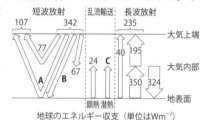

地球のエネルギー収支（単位はWm⁻²）

Q 112
【H23②改】 Q111 の図において、地表面または大気内部におけるエネルギー収支から潜熱 C は 78 Wm⁻² と見積もられる。

Q 113 緯度別に年平均すると、北緯 80° において受け取る太陽放射量は、長波放射量よりも大きい。

A 110 窓領域は、波長 11μm を中心とする 8 ～ 12μm ✕
の赤外線領域にある、大気による吸収が弱い領域である。この波長領域の放射は、大気によってあまり吸収されることなく宇宙へ出ていくことから、大気の窓とも呼ばれる。

A 111 大気上端から入ってくる短波放射の放射量は ✕
342 で、この放射量の内訳は 77 と A と B と 67 である。大気上端においてエネルギー収支は釣り合っているので、342 ＝ 77 ＋ A ＋ B ＋ 67 の関係が成り立つ。外向き短波放射の合計は 107 なので、107 ＝ 77 ＋ A より、A は 30Wm^{-2} である。また、入射短波放射の合計は 342 － 107 より、235 なので、235 ＝ B ＋ 67 より、B は 168 Wm^{-2} である。

A 112 大気内部への入射量は 67 と 24 と C と 350 ◯
である。大気内部を通過する 40 は内部への入射量には算入しない。一方で、大気内部からの放射量は 195 と 324 である。大気内部への入射量と大気内部からの放射量は釣り合っているので、67 ＋ 24 ＋ C ＋ 350 ＝ 195 ＋ 324 より、C は 78 Wm^{-2} である。

A 113 太陽放射量は低緯度で大きく高緯度で小さい ✕
が、長波放射量の緯度差は小さい。北緯 80° で地球が受け取る太陽放射量は、地球が放射する長波放射量よりも小さい。

Point 11　太陽放射と地球放射

重要用語 (再)確認

太陽放射 (短波放射)	太陽放射スペクトルは約5780Kの黒体放射スペクトルで近似される。全エネルギーの約半分の約46.6%が可視光線域、残りのほとんどの約46.6%が赤外線域、これらの残りの約7％が紫外線域に属している。
地球放射 (長波放射)	大部分が赤外線域に属しているので、赤外放射ともいう。地球の放射平衡温度は255K。
南中高度角	太陽高度角が最も大きくなる南中時の太陽高度角は、以下の式で求められる。 南中高度角＝90＋δ－緯度φ （δ は、春分と秋分で0度、夏至で＋23.5度、冬至で－23.5度）

地球は太陽放射を日射が当たる面積の断面積（πr^2）で受け取り、全表面の表面積（$4\pi r^2$）で放出している。（※ r は地球の半径）

Point 12　大気と放射

重要用語 (再)確認

ステファン・ボルツマンの法則	放射エネルギー（I）は、絶対温度（T）の4乗に比例。$I = \sigma T^4$（σ はステファン・ボルツマン定数）
ウィーンの変位則	黒体の単位波長あたりの放射強度の最大波長（λ_m）は、表面温度（T）に反比例。 $\lambda_m = 2897/T$
レイリー散乱	入射する電磁波の波長が、散乱させる粒子の半径に比べて非常に大きい場合の散乱。散乱強度は電磁波の波長の4乗に反比例。
ミー散乱	入射する電磁波の波長と、散乱させる粒子の半径がほぼ同じ場合の散乱。散乱強度は波長によらない。

地球のエネルギー収支

　地球への熱の出入りを、地球のエネルギー収支という。地球全体としてのエネルギー収支は釣り合っていて、大気上端、大気内部、地表面のそれぞれにおいて、入ってくる量と出ていく量が釣り合っている（雲からの上向き矢印 30 は、雲からの長波放射）。

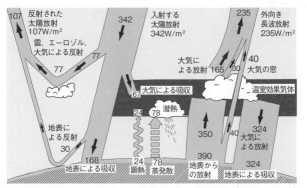

地球のエネルギー収支（IPCC, 1955）

　入射する太陽放射の 342 のうち、雲・エーロゾル・大気による反射（と散乱）で 77、地表面による反射で 30 が宇宙へ戻り、地表による吸収が 168、雲を含む大気に吸収されるのが 67 となっている（単位［W / m²］の表記は省略）。

大気上端の収支	入ってくるのは、入射する太陽放射の 342 の 計342 出ていくのは、反射された太陽放射の 107 と外向き長波放射の 235 の 計342
大気内部の収支	入ってくるのは、宇宙から入ってくるエネルギーの大気による吸収の 67 と、地表からの長波放射の 350 と顕熱の 24 と蒸発散潜熱の 78 の 計519 出ていくのは、宇宙への大気による放射の 165 と雲からの長波放射の 30 と地表への大気による放射の 324 の 計519
地表面の収支	入ってくるのは、宇宙から直接入ってくる 168 と、地表への大気による放射の 324 の 計492 出ていくのは、地表からの長波放射の 390 と、顕熱の 24 と、蒸発散潜熱の 78 の 計492

（単位［W / m²］の表記は省略）

1 気圧傾度力とコリオリ力

Q 114 ★★★ 気圧傾度は、2点間における単位距離あたりの気圧差であり、気圧傾度力は空気密度の逆数と気圧傾度との積で表される。

Q 115 ★★★ 低気圧や高気圧などの運動の場合には、大気は静力学平衡の状態にあるので、気圧傾度力だけを考えればよい。

Q 116 ★★ コリオリ力は地球上の静止している物体にも運動している物体にも同様に働く。

Q 117 ★★★ コリオリ力は、北半球では運動の方向に対して左側に働く。

大気に働く力である気圧傾度力とコリオリ力によって風（空気の流れ）の速度や方向が決まることを理解し、力のバランスの視点から地衡風、傾度風、温度風などの理解を深めよう。

A 114 気圧差（$\varDelta p$）と等圧線間の距離（$\varDelta n$）との比 ○ （$\varDelta p / \varDelta n$）を気圧傾度という。気圧傾度力（$P$）は、気圧の高いほうから低いほうへ等圧線に直角に働く力である。空気密度を ρ とすると、気圧傾度力 P は次のように表せる。

$$P = -\frac{1}{\rho} \cdot \frac{\varDelta p}{\varDelta n}$$

マイナス記号がついているのは、力の向きが気圧の増える向きとは逆だからである。

A 115 低気圧や高気圧では、鉛直運動は水平運動に比 ○ べて非常に小さくて鉛直加速度を無視できるので、静力学平衡の状態にあると考えてよい。つまり、水平方向の気圧傾度力だけ考えればよい。

A 116 コリオリ力は回転体の上で運動する物体に働く ✕ 見かけの力なので、静止していると働かない。

A 117 コリオリ力（転向力ともいう）は、地球が自転 ✕ しているために生じる見かけの力である。地球は西から東に向かって自転しているので、北半球では運動の方向に対して右側向きに働き、南半球では左側向きに働く。

コリオリ力（南半球）

風

コリオリ力（北半球）

★★★
Q 118 コリオリ力 C は、空気の質量を m、風速を V、緯度を φ、地球の自転角速度を Ω(オメガ) とすると、$C = 2mV\,\Omega\,\sin$(サイン) ϕ で表せる。

 ★
Q 119 同じ緯度で風速が高度によらず一定の場合、コリオリ力は高度が低いほど大きく働く。ただし、空気の質量は一定とする。

 ★★★
Q 120 コリオリ力は、風速が同じであれば高緯度ほど小さく働く。ただし、空気の質量は一定とする。

★★★
Q 121 コリオリ力は、赤道で最大で、両極で 0 となる。

★★
Q 122 コリオリ力は運動エネルギーを増加させるように働き、移動速度を変化させる。

 ★★★
Q 123 積雲が頻繁に発生している海面水温が高い熱帯の海上であっても、コリオリ力が極めて小さい緯度5°未満の赤道付近では台風が発生することはほぼない。

A 118 コリオリ力 C は、次の式で表される。　　　　　○
$$C = 2mV\,\Omega\,\sin\phi$$
（m は質量、V は風速、Ω は地球の自転角速度で約 7.3×10^{-5}/s、ϕ は緯度）
また、上式のうちの $2\,\Omega\,\sin\phi$ をコリオリ・パラメータ（f）という。

....

A 119 コリオリ力 C は、質量を m、風速を V、地球の　　✕
自転角速度を Ω、緯度を ϕ とすると $C = 2mV$
$\Omega\,\sin\phi$ である。そのため、同じ緯度で空気の
質量と風速が一定の場合のコリオリ力の大きさ
に、高度による影響はない。

....

A 120 コリオリ力 C は、質量を m、風速を V、地球　　✕
の自転角速度を Ω、緯度を ϕ とすると $C = 2$
$mV\,\Omega\,\sin\phi$ である。そのため、質量と風速が
同じ場合は、緯度が大きい（高緯度）ほどコリ
オリ力は大きくなることがわかる。

....

A 121 赤道は緯度 0° なので sin0° ＝ 0 となり、コリ　　✕
オリ力は生じない。逆に、両極は緯度 90° なの
で最大となる。

....

A 122 コリオリ力は、運動の向きを変えるだけの見か　　✕
けの力である。移動速度を変化させることはな
い。

....

A 123 コリオリ力が極めて小さい緯度 5° 未満の赤道　　○
付近では、回転運動がほぼ生じないため、台風
はめったに発生しない。

2 風と力の釣り合い

Q 124
★★★
地衡風は等圧線に平行に、北半球では気圧が低いほうを右側にして吹く。

Q 125
★★★
中・高緯度の自由大気における水平方向の大規模な大気の流れでは、水平気圧傾度力とコリオリ力が釣り合う地衡風の関係が近似的に成り立つ。

Q 126
★★★
地衡風の関係が近似的に成り立っている場合、水平気圧傾度力が同じならば、地衡風速は緯度が高いほど大きくなる。

Q 127
★★
旋衡風は、気圧傾度力とコリオリ力と遠心力の3つの力が釣り合った状態で吹く風である。

A 124 気圧傾度力とコリオリ力が釣り合った状態で
吹く風が地衡風である。地衡風は、北半球で
は等圧線に平行に、高圧側を右に見て吹く。 **✕**

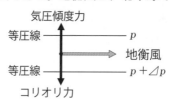

A 125 地表面の影響を受けない高度約1km以上の対
流圏を自由大気という。ここでは地表面の摩擦
の影響をほとんど受けないので、空気の流れに
影響するのは気圧傾度力とコリオリ力だけであ
る。 **◯**

A 126 地衡風は、「気圧傾度力 P＝コリオリ力 C」の状
態で吹く風なので、

$$P=-\frac{1}{\rho}\cdot\frac{\varDelta p}{\varDelta n}=C=2\Omega\sin\phi\cdot V$$

この式から、

$$V=-\frac{1}{2\rho\Omega\sin\phi}\cdot\frac{\varDelta p}{\varDelta n}$$

したがって、地衡風速 V は、$\sin\phi$ が大きいほど、
つまり緯度が高いほど小さくなる。なお、気圧
傾度（$\varDelta p/\varDelta n$）が大きいほど V は大きくなる。 **✕**

A 127 旋衡風は、気圧傾度力と遠心力が釣り合った状
態で吹く風である。気圧傾度力とコリオリ力と
遠心力の3つの力が釣り合った状態で吹く風
は傾度風である。 **✕**

竜巻の風は北半球では常に反時計回りに吹く。

 2hPaの気圧差を、高度差に換算すると10mである。ただし、静力学平衡の状態にあるものとし、空気密度は1kgm^{-3}、重力加速度は10ms^{-2}とする。

 北緯30°の地点の自由大気において10m/sの地衡風が吹いている場合、等圧面の傾度は3.5×10^{-4}である。ただし、静力学平衡が成り立っているものとし、重力加速度gは10 m /s^2、地球の自転角速度Ωは7.3×10^{-5}/s、sin30°＝0.5とする。

竜巻は規模が小さくて、コリオリ力が気圧傾度 ✗
力や遠心力に比べて非常に小さいため、風は時
計回りにも反時計回りにも吹く。

 静力学平衡の状態にあるので、次の静力学平衡 ✗
の式が成り立つ。

$$\Delta p = -\rho g \Delta z$$

この式から、高度差 Δz は、

$$\Delta z = -\frac{\Delta p}{\rho g}$$

この式に、Δp=2hPa=200Pa=200kgm^{-1}s^{-2}、
ρ =1kgm^{-3}、g=10ms^{-2} の数値を入れると、

$$\Delta z = -\frac{200\text{kgm}^{-1}\text{s}^{-2}}{1\text{kgm}^{-3}\times 10\text{ms}^{-2}} = -20\text{m}$$

したがって、高度差は 20m である。

 地衡風はコリオリ力 C と気圧傾度力 P が釣り ✗
合って吹く風なので、次の関係が成り立つ。

$$fV = -\frac{1}{\rho} \cdot \frac{\Delta P}{\Delta n}$$

静力学平衡の式 $\Delta P = -\rho g \Delta z$ を上式に代入する
ると、

$$fV = \frac{g \Delta z}{\Delta n} \cdots ⓐ$$

Δz は等圧面の高度差、Δn は 2 点間の水平
距離なので、ⓐ式における $\Delta z / \Delta n$ が、等圧
面の傾度である。f はコリオリ・パラメータ
でf=2 Ω sin ϕ なので、Ω =7.3 × 10^{-5}/s、ϕ
=30° で sin30° =0.5 より、f=7.3 × 10^{-5}/s で
ある。g=10m/s^2、V=10m/s なので、ⓐ式に
代入すると

$$7.3 \times 10^{-5}\text{/s} \times 10\text{m/s} = \frac{10\text{m/s}^2 \Delta z}{\Delta n}$$

したがって、等圧面の傾度（$\Delta z / \Delta n$）は 7.3
× 10^{-5} である。

★★★
Q 131 地表付近の地衡風は、摩擦力と気圧傾度力の合力が
コリオリ力と釣り合って吹いている。

 ★★★
Q 132 地表付近で吹く地衡風は摩擦の影響を受けるので、
風は低圧側に傾き、等圧線を横切って吹く。

 ★★
Q 133 地表付近で吹く風は、気圧傾度が同じならば地表面
の摩擦力が大きいほど等圧線を横切る角度は大きく
なる。

 ★★
Q 134 北半球の中緯度の大気中で、地表付近の地衡風が等
圧線に対して $α$ の角度で吹いている場合、摩擦力 F
＝気圧傾度力 $P ×$ sin $α$ ＝コリオリ力 $C ×$ tan $α$
の関係が成り立つ。

A 131 地表付近の地衡風は、摩擦力 F とコリオリ力 C ✕
の合力が、気圧傾度力 P と釣り合っている。

> 摩擦力 ＝ コリオリ力 × tan α

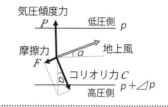

A 132 地表面の摩擦の影響を受ける大気境界層では、 ○
等圧線に平行ではなく、摩擦力によって等圧線
を気圧の高い側から低い側へ横切って吹く。

A 133 摩擦の影響がないと等圧線と平行に吹くが、影 ○
響があると風の向きは低圧側に傾き、摩擦力が
大きいほど等圧線を横切る角度は大きくなる。

A 134 直角三角形には、次の関係がある。 ○
sin α ＝b辺 /c辺
cos α ＝a辺 /c辺
tan α ＝b辺 /a辺
A131 の図のコリオ

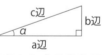

リカ C のベクトルと α の角から成る直角三角
形の各辺をそれぞれの力に置き換えると、a辺
はコリオリ力 C、b辺は摩擦力 F、c辺は気圧
傾度力 P の関係にある。

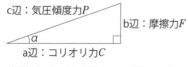

摩擦力 F は b辺で、b辺 ＝c辺 × sin α ＝a辺
× tan α の関係にある。c辺は気圧傾度力 P、
a辺はコリオリ力 C なので、摩擦力 F＝ 気圧傾
度力 P × sin α ＝ コリオリ力 C × tan α の関
係式が成り立つ。

Q135 等圧線が曲がっている場合は外向きに遠心力が働き、低気圧ではコリオリ力が気圧傾度力と遠心力の和と釣り合い、風は曲がった等圧線に沿って吹く。

 Q136 北半球の傾度風は、低気圧では風上側を背にして左側に低圧側があり、高気圧では左側に高圧側がある。

 Q137 オーストラリアのメルボルン（下図の☆印）の南【H28①改】に中心気圧996hPaの低気圧が位置しているとき、気圧1002hPaのメルボルンの地表付近を吹く風の向きは、右図の矢印の向きとなる。なお、風は矢印の方向に従って吹くものとする。

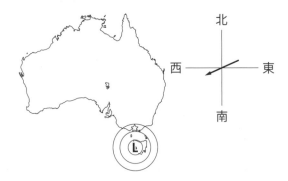

135 等圧線の曲率が大きいと風は遠心力の影響を受 ✕
け、気圧傾度力とコリオリ力と遠心力の3つの
力が釣り合い、北半球では高圧側を右に見て、
等圧線に沿って吹く。これを傾度風という。コ
リオリ力を $C=fV$、気圧傾度力を P、遠心力を
C_e とすると、

> 低気圧の場合：$P=fV+C_e$
> 高気圧の場合：$fV=P+C_e$

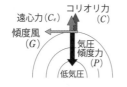
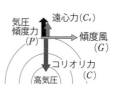

136 北半球の傾度風は、低気圧の場合も高気圧の場 ✕
合も風上側を背にして右側が高圧側である。

137 ☆における気圧は低気圧の中心気圧より高いの ✕
で、気圧傾度力 P は北から南へ向かう。また、
地表付近を吹く風は、気圧傾度力 P が摩擦力 F
とコリオリ力 C の合力と釣り合って吹く。コ
リオリ力 C は南半球では運動の方向に対して
左側に働くので、地表付近を吹く風の向きは、
図のようになる。

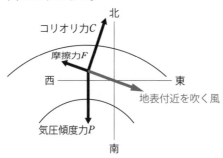

Q 138
【H28②】
図は、北半球の高気圧を表しており、等圧線が同心円状に並んでいる。高気圧の中心から東にRkm 離れた地点 A、および$2R$km 離れた地点 B の傾度風について、両地点で風速が同じであるとき、気圧傾度力の大きさは、地点 A のほうが地点 B より大きい。

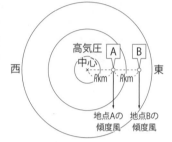

Q 139
北半球の中緯度を台風が南から北へ移動する場合、台風の進路の東側に位置する観測地点では、風向の時間変化は時計回りの変化となる。

Q 140
総観規模（そうかんきぼ）の低気圧において、傾度風の風速は、同じ気圧傾度をもつ地衡風に比べて大きい。

Q 141
温度風（おんどふう）は、下層の地衡風ベクトルの終点を始点とし、上層の地衡風ベクトルの終点を終点とするベクトルである。

A 138 高気圧の場合の傾度風は、気圧傾度力と遠心力 ✕
の和が、コリオリ力と釣り合って吹く。

高気圧の場合：気圧傾度力＋遠心力＝コリオリ力

コリオリ力 C はコリオリ・パラメータを f、風
速を V とすると fV なので、風速と緯度が同じ
場合のコリオリ力は等しい。地点Bは地点Aか
ら東に位置しているので両地点の緯度は同じ
で、風速も同じなので両地点のコリオリ力は等
しい。遠心力は、半径が小さいほうが大きいの
で地点Aのほうが大きい。したがって、コリ
オリ力が同じ両地点においては、遠心力が大き
い地点Aのほうが、気圧傾度力は小さい。

A 139 北半球の中緯度を台風が南から北へ移動する場 ◯
合、台風の進路の東側に位置する観測地点で
は、時間とともに、北寄り→東寄り→南寄りと
時計回りに風向が変
化し、西側に位置す
る観測地点では北寄
り→西寄り→南寄り
と反時計回りに風向
が変化する。

A 140 低気圧の場合には、遠心力が増えた分だけコリ ✕
オリ力が弱まり、地衡風に比べ傾度風の風速は
小さい。遠心力が増えた分だけ傾度風の風速が
大きいのは高気圧の場合である。

A 141 温度風は下層の地衡風と上層の地衡風のベクト ◯
ル差で、下層の地衡風ベクトルの終点を始点と
し、上層の地衡風ベクトルの終点を終点とする
ベクトルである。

Q 142 ★★ 地衡風の風向が、下層から上層に向かって鉛直方向に時計回りの変化をしている場合、風は平均して寒気側から暖気側に吹いている。

 Q 143 ★★★【R1①】 下図は静力学平衡と地衡風平衡が成り立つ北半球中緯度の大気における850hPa等圧面の等高度線であり、南の方が高度が高い。一方、500hPa等圧面では、全域で同じ風速の南風が吹いている。このとき、850hPa面と500hPa面の間の気層では、平均すると暖気移流となっている。ただし、850hPa等圧面から500hPa等圧面にかけての風向の変化は180°以内とする。

850hPa等圧面の等高度線図

 Q 144 ★★★ 温度風は、平均気温の等温線に平行に、北半球では高温部を右に見て吹く。

 Q 145 ★★【H24①】 西風が吹いている自由大気中において、どの等圧面においても低緯度側の気温が高緯度側の気温よりも高いときには、高度が高くなるほど地衡風は強くなる。

A 142 地衡風の風向が上層に向
かって時計回りの変化を
している場合、風は暖気
側から寒気側に吹いてい
る（暖気移流）。 ✕

A 143 地衡風は、高圧部を右に見て等高度線に平行に ✕
吹くので、850hPa等圧面の地衡風は高度の高
い南を右に見て吹く西風である。500hPa等圧
面で一様に南風が吹いている場合、下層から上
層に向かって風向が反時計回りに変化している
ので、850hPa面と500hPa面の間の気層では、
平均すると寒気移流となっている。

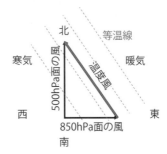

A 144 温度風は、北半球では等温線にそって高温部を ○
右に見て吹く（A142・A143の図参照）。

A 145 温度の水平傾度が積み重なる上層ほど等圧面の ○
傾斜が大きくなるために、地衡風が上層ほど増
大している関係を温度風の関係という。どの等
圧面でも、高緯度側より低緯度側の気温が高い
場合は、全層で南北温度傾度があるので、温度
風の関係により、高度が高くなるほど地衡風は
強くなる。

3 大気の流れ

 気圧傾度力、コリオリ力、摩擦力が釣り合って海上を進んできた風が、同じ緯度の陸上に吹き込んだとき、海岸線付近で風速が変化し、収束が生じる。

 地表付近に水平収束がある場は、一般的に下降流域である。

【H29②】

図の太実線は、ある地点における大気の鉛直流の高度分布を示している。破線で示された高度①〜⑤の中から、風が水平方向に収束している高度は③である。ただし、空気の密度は一定で、高度③と⑤ではそれぞれ上昇流と下降流が極値となっているものとする。

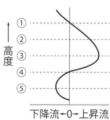

A 146 収束とは、ある場所に空気が集まってくる状態 ○
をいう。陸上は海上に比べて摩擦力が大きくな
るために海岸線付近で風速が弱まり、収束が生
じる。

 A 147 水平収束で集まった地表付近の空気は下へ移動 ✕
できないので、上昇流となって上空へ移動する。
たとえば、風が吹き込む低圧の中心では上昇
流が生じ、上空では雲が発生する。逆に、地上
で発散がある場合には下降流が生じる。

A 148 ①の高度は、すぐ上が下降流・ ✕
すぐ下が上昇流で鉛直方向に
収束→水平方向には発散
②の高度は、すぐ上が上昇流・
すぐ下は上より強い上昇流で
鉛直方向に収束→水平方向に
は発散
③の高度は、すぐ上とすぐ下
にほぼ同じ強さの上昇流で鉛
直方向の収束も発散もなし→
水平方向の収束も発散もなし
④の高度は、すぐ上が上昇流・
すぐ下は下降流で鉛直方向に
発散→水平方向には収束
⑤の高度は、すぐ上とすぐ下
にほぼ同じ強さの下降流で鉛
直方向の収束も発散もなし→
水平方向の収束も発散もなし
したがって、水平方向に収束
しているのは④。

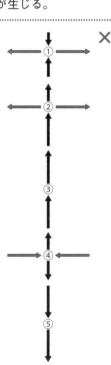

学科・一般｜第5章　大気の力学

★★★
Q 149
【H27①改】

北半球の水平面内に図のような一辺の長さが2km の正方形の領域（a）〜（c）があり、各辺上では、辺に沿って図に示す強さの成分を持った風が吹いている。領域（a）〜（c）内の渦度の鉛直成分の値を A 〜 C とするとき、これらの大小関係は、$B <A < C$ となる。ただし、渦度の鉛直成分は各領域内で一様とする。

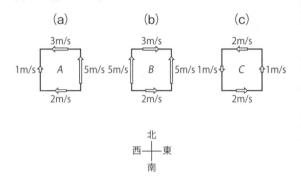

★★★
Q 150

下図の矢印の向きが水平面内の風向を表し、矢印の長さが風速を表しているとすると、北半球では、渦度は正である。ただし、反時計回りの回転を正の渦度、時計回りの回転を負の渦度とする。

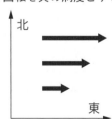

A 149 渦度の鉛直成分 ζ は次式で表せる（反時計回り ○ を正）。

$$\zeta = \frac{v_2 - v_1}{x_2 - x_1} - \frac{u_2 - u_1}{y_2 - y_1} = \frac{\Delta v}{\Delta x} - \frac{\Delta u}{\Delta y} \cdots Ⓐ$$

（v は風向が北のときに正、u は風向が東のときに正。）

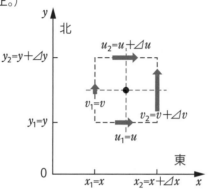

この問題では Δx と Δy はともに 2km なので、渦度の大小は分子を比較すれば判断できる。

A：$(5-1)-\{-3-(-2)\} = 4+1 = 5$
B：$(5-5)-(3-2) = -1$
C：$\{1-(-1)\}-\{-2-2\} = 2+4 = 6$

....

A 150 風向が同じで風速が異なる場合、風速の大きい × ほうから小さいほうへの流れが生じる。その

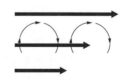

ため、北から南へ向かう流れによって時計回りの回転が生じる。したがって、北半球では、渦度は負である。

なお、上記Ⓐ式によっても正負を判断できる。問題図では、南北方向の風はなく（$\Delta v = 0$）、北側ほど、つまり y が増加する（$\Delta y > 0$）ほど西風が強くなっている（$\Delta u > 0$）。したがって、

$$\zeta = 0 - \frac{\Delta u}{\Delta y} < 0 \text{ なので、渦度は負である。}$$

地球大気の渦度の鉛直成分は、地球の自転によって生じるものと大気が地球に対して相対的に運動することによって生じるものに分けることができ、大気が地球に対して相対的に運動することによって生じるものを惑星渦度という。

 北半球では、惑星渦度は正の値で、その大きさは北極点で最大である。

 惑星渦度 f と相対渦度 ζ（ツェータ）の和を絶対渦度といい、一般に、地球上の空気塊の絶対渦度は、粘性や水平収束・発散がなければ近似的に保存される性質がある。

Q 154
【R2①】
図はダウンバーストの模式図である。積乱雲からの下降流は円柱状に生じており、その下降流は、地上付近に達するとほぼ水平に、地表面から高度50mまでの範囲で高さ方向に一様な風速で、図のように軸対象に広がるものとする。高さhにおける円柱の半径を500m、下降流の速さを円柱内で一様に20m/sとするとき、地表面近くで下降流の中心から1000m離れた地点 R における地表面から高さ50mまでの範囲の水平風速は 60m/s である。ただし、定常状態を仮定し、高さhおよび地点 R の空気の密度は同じで、地表面との摩擦およびここに述べた以外の風は考慮しないものとする。

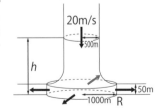

A 151 地球の自転によって生じるものを惑星渦度とい ✕
い、大気が地球に対して相対的に運動すること
によって生じるものを相対渦度という。また、
惑星渦度は、コリオリ・パラメータ（f）と同じ物
理量で、地球の自転角速度をΩ、緯度をϕとする
と、$f=2\Omega\sin\phi$と定義される。

A 152 惑星渦度fは$2\Omega\sin\phi$で定義され、Ωは地球 ◯
の自転角速度、ϕは緯度である。北半球では緯
度は正の値をとるので、惑星渦度は正の値とな
る。また惑星渦度fの大きさは、緯度が高くな
るほど大きく、北極点（$\phi=90°$）で最大となる。

A 153 これを、絶対渦度の保存則といい、「惑星渦度 ◯
＋相対渦度＝絶対渦度（一定）」の式で表される。

A 154 空気は、半径（r）を500mとする円の面積（π ✕
r^2）から一様に20m/sの風速で流入するので、
1秒間に流入する空気の量は「$\pi\times500\times$
500×20」である。一方で、空気は下降流の
中心から1000m離れた地点Rにおいて高さを
50mとする円柱の側面積から流出する。側面
積は$2\pi r\times$高さなので、流出する空気の風速
をVとすると1秒間に流出する空気の量は「2
$\times\pi\times1000\times50\times V$」である。定常状態で
あるという条件から、各部分における気圧、温
度、風速などの時間変化はなく、高さhおよび
地点Rの空気の密度は同じなので、流入す
る空気の量と流出する空気の量は同じであり、
次の関係が成り立つ。
$\pi\times500\times500\times20=2\times\pi\times1000\times50\times V$
$V=50$より、高さ50mの円柱の側面積から流
出する空気の水平風速は50m/sである。

★★★
Q 155
【H30①】
図の地点Pとその周辺の気圧と気温の水平分布が図の等圧線と等温線で示すような関係にあるとき、北半球中緯度の地点Pにおける温度移流は暖気移流であり、地点Pにおける地衡風速が5m/s、水平温度傾度の大きさが0.3℃/10km、角θが90°のとき、暖気移流による気温変化率は0.27℃/hである。

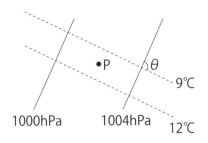

★★★
Q 156
鉛直<ruby>p<rt>えんちょくピーそくど</rt></ruby>速度は、ある空気塊の気圧の時間変化率を表し、上昇流域では正の値となる。

★★
Q 157
850hPa等圧面の高度が6時間で1500mから1560mに上昇した。空気の密度を1kgm⁻³、重力加速度を10ms⁻²とすると、このときの鉛直p速度は、1hPa/hである。なお、1hPa=100kgm⁻¹s⁻²である。

155 北半球における地衡風は高圧側を右に見て吹く ✕
ので、地点Pにおける温度移流は、気圧の高
い1004hPaの等圧線を右に見て、気温の高い
12℃側から気温の低い9℃側へ吹く暖気移流
である。また、地衡風による気温変化率は、等
圧線と等温線のなす角をθ、地衡風速をV、水
平温度傾度を$\varDelta T$とすると、次の式で表される。

$$気温変化率 = \sin\theta \times V \times \varDelta T$$

地衡風速の5m/sは、単位をkm/hに変換して、
0.005km÷（1/3600）h より 18km/h として
Vに代入。
水平温度傾度の0.3℃/10kmを$\varDelta T$に代入。
等圧線と等温線のなす角θは90°で、sin90°
=1 より1を代入すると、
気温変化率=1×18km/h×0.3℃/10km より、
0.54℃/h となる。

 156 鉛直p速度（ω）は、空気塊の気圧の時間変化 ✕
率と定義され、1時間あたりの気圧変化量で示
される。上昇流の場合は、時間とともに気圧が
低下するので、鉛直p速度は負の値となる。

 157 鉛直p速度ωは、鉛直方向の気圧の時間変化 〇
率であり、次式で近似される。

$$\omega = \frac{\varDelta p}{\varDelta t} \fallingdotseq -\frac{\rho g \varDelta z}{\varDelta t}$$

（$\varDelta p$は気圧差、$\varDelta t$は時間差、ρは空気密度、
gは重力加速度、$\varDelta z$は高度差）
この式に数値を入れて計算する。

$$\omega = -\frac{1 \times 10 \times 60}{6} = -100 \text{kgm}^{-1}\text{s}^{-2}/\text{h} = -1\text{hPa/h}$$

学科・一般｜第5章 大気の力学

重要 ポイント まとめて Check

Point 13　気圧傾度力とコリオリ力

重要公式

・気圧傾度力 $P = -\dfrac{1}{\rho} \cdot \dfrac{\Delta p}{\Delta n}$

（ρ は空気密度、Δp は気圧差、Δn は等圧線間の距離）

・コリオリ力（転向力）$C = fV$
（f はコリオリ・パラメータ（コリオリ因子）、V は風速）

・コリオリ・パラメータ $f = 2 \Omega \sin \phi$
（Ω は地球の自転角速度で 7.3×10^{-5} 〔s^{-1}〕、ϕ は緯度）

・コリオリ力は、運動の方向と直角に、運動の方向に対して北半球では右側向き（南半球では逆）に働く。

コリオリ力（南半球）
風
コリオリ力（北半球）

Point 14　風と力の釣り合い

まとめて整理　地衡風と力の釣り合い

・地衡風は、気圧傾度力とコリオリ力が釣り合って（$P = C = fV$）、等圧線と平行に、北半球では高圧側を右に見て吹く。

北　　　　　　　　　　　　　　　　等圧線 P_1

地衡風

南　　　　　　　　　　　　　　　　等圧線 P_2
　　　　　　　　　　　　　　　　　　$(P_1 < P_2)$

・地衡風の風速は以下の式で表せる。

$$V = -\frac{1}{2\,\rho\,\Omega\,\sin\,\phi} \cdot \frac{\varDelta\,p}{\varDelta\,n}$$

上式から、緯度ϕの正弦（$\sin\,\phi$）に反比例し、気圧傾度に比例することがわかる。

・地表付近の地衡風は、コリオリ力fVと摩擦力Fの合力が気圧傾度力Pと釣り合って吹く。

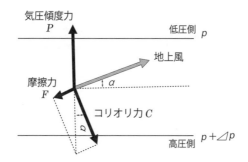

・地表付近の地衡風が等圧線を横切る角度をαとすると、以下の関係式が成立する。

摩擦力＝気圧傾度力× sin α ＝コリオリ力× tan α
コリオリ力＝気圧傾度力× cos α

まとめて整理　傾度風と力の釣り合い

・傾度風は、気圧傾度力Pとコリオリ力fVと遠心力C_eの3つの力が釣り合って、高圧側を右に見て吹く。

低気圧の場合：$P = fV + C_e$
高気圧の場合：$fV = P + C_e$

・遠心力 C_e は速度の2乗（V^2）に比例し、半径 r に反比例する。

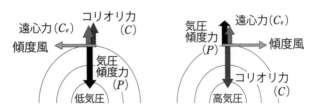

まとめて 整理 旋衡風と力の釣り合い

・旋衡風（竜巻など）では、コリオリ力の影響は無視でき、気圧傾度力と遠心力が釣り合って吹き、右回転も左回転もある。

まとめて 整理 温度風

・温度風は、上層の地衡風と下層の地衡風のベクトル差（地衡風の鉛直シアーで実際に吹いている風ではない）で、北半球では等温線に沿って高温部を右に見て吹く。

重点 CHECK 暖気移流と寒気移流

・下の左図のように、地衡風の向きが上層に向かって時計回りに変化している場合、風は暖気側から寒気側に吹いている（暖気移流）。逆に下右図のように、地衡風の向きが上層に向かって反時計回りに変化している場合、風は寒気側から暖気側に吹いている（寒気移流）。

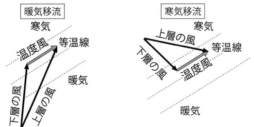

☀ Point 15 大気の流れ

まとめて 整理 発散・収束と鉛直流の関係

・地表付近
　水平収束→空気が上へ移動するために地表付近で上昇流
　水平発散→上からの空気の補給により、地表付近で下降流
・上層
　水平発散→その上下からの鉛直方向の空気の補給により、水平発散がある高度より上では下降流、下では上昇流
　水平収束→水平収束がある高度より上では上昇流、下では下降流が生じる。

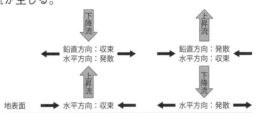

重要公式

・惑星渦度（＝コリオリ・パラメータ）　…　$f = 2\,\Omega \sin \phi$

・相対渦度（鉛直成分）…$\zeta = \dfrac{\varDelta v}{\varDelta x} - \dfrac{\varDelta u}{\varDelta y}$

（$\varDelta u$ は x 軸方向・$\varDelta v$ は y 軸方向の水平風速の風速差、$\varDelta x$ は横軸方向・$\varDelta y$ は縦軸方向の距離差）

・絶対渦度の保存則　…　惑星渦度＋相対渦度＝一定

・気温変化率 $= \sin\theta \times V \times \varDelta T$

（$\sin\theta$ は等圧線と等温線のなす角、V は地衡風速、$\varDelta T$ は水平温度傾度）

・鉛直 p 速度 ω は、空気塊の気圧の時間変化率と定義される。
　　→ ω が負の場合は、気圧が低下するので上昇流
　　→ ω が正の場合は、気圧が上昇するので下降流

$$\omega = \frac{\varDelta p}{\varDelta t} \fallingdotseq -\frac{\rho g \varDelta z}{\varDelta t}$$

1 大規模現象

Q 158 ★★★
【H24②】

図は、大気の運動による年平均の北向き熱輸送量の緯度分布を表したもので、点線は南北鉛直面内の循環による熱輸送量を、破線は低気圧・高気圧などの擾乱に伴う波動による熱輸送量を、実線はそれらの合計すなわち大気の運動による熱輸送量を示している。この図から、南北鉛直面内の循環によって南半球から北半球に熱が運ばれていることを読み取ることができる。

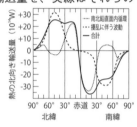

Q 159 ★★★

Q158 の図から、両半球の緯度 30°～60° では、低気圧・高気圧などの擾乱に伴う波動により熱が極側へ輸送されているのが読み取れる。

Q 160 ★★★
【H24②】

Q158 の図から、擾乱に伴う波動による熱輸送は両半球の緯度 20°～45° では大気を冷却するように働いていることを読み取ることができる。

Q 161 ★★

ハドレー循環とフェレル循環は直接循環、極循環は間接循環といわれる。

A 158 図の縦軸は北向きの輸送量なので、正の値は北 ✕
向き、負の値は南向きの熱の輸送量を意味して
いる。輸送量の合計を示す実線は、赤道におい
て南向きの輸送を示す負の値となっている。こ
れは、熱が南北鉛直面内の循環によって北半球
から南半球に運ばれていることを意味してい
る。

. . . .

A 159 Q158 の図では、両半球の緯度30°～60°で、 ◯
低気圧・高気圧などの擾乱に伴う波動による熱
輸送量を示す破線が、北半球では正で北向き（＝
極側）に、南半球では負で南向き（＝極側）に、
それぞれ熱を輸送しているのが読み取れる。

. . . .

A 160 Q158 の図では、北半球の緯度20°～45°で緯 ◯
度が高くなるほど北向きの輸送量が増大し、南
半球の緯度20°～45°で緯度が高くなるほど南
向きの輸送量が増大しているのが読み取れる。
これは、これらの緯度帯における大気の持つ熱
が、極側へ輸送されてこれらの緯度帯の大気を
冷却するように働いていることを意味する。

. . . .

A 161 直接循環はハドレー循環と極循環である。フェ ✕
レル循環は暖気側で下降して寒気側で上昇して
いる間接循環である。

Q 162 ★★
赤道付近には南北から貿易風が吹き込むので熱帯収束帯といわれる領域があり、そこでは積乱雲が発生しやすい。

 Q 163 ★
モンスーン循環は、大陸と海洋の熱的コントラストによって生じる大循環である。

 Q 164 ★★
北緯 40 度から 60 度にかけての中緯度帯では、全体として降水量が蒸発量より多い。

 Q 165 ★★
北緯 30 度付近の亜熱帯高圧帯は、降水量よりも蒸発量のほうが少ない。

 Q 166 ★★
赤道付近にある熱帯収束帯では、降水量よりも蒸発量のほうが多い。

 Q 167 ★★
停滞性のプラネタリー波の振幅は、南半球のほうが北半球よりも大きい。

A 162 ■■■ 赤道付近にある貿易風（北東偏東風と南東偏東風）が吹き込んで気流が収束する領域を、熱帯収束帯という。ここは上昇気流によって積乱雲が発生しやすく、台風の発生地帯でもある。　○

A 163 ■■■ モンスーン循環は季節風で、大陸の温度と海洋の温度の違いによって、冬は大陸から海洋へ、夏は海洋から大陸へ吹く。　○

A 164 ■■■ 北緯40度から60度にかけての中緯度帯では、年間を通して、温帯低気圧や前線などの活動による降水量が多いので、蒸発量より降水量のほうが多い。水蒸気の不足分は、亜熱帯高圧帯の過剰な水蒸気の一部が輸送されてくることで補われている。　○

A 165 ■■■ 亜熱帯高圧帯はハドレー循環の下降流域なので天気がよく、年間に1m以上の水の層が蒸発するが、降水量はその60%程度しかなく、降水量よりも蒸発量のほうが多い。　×

A 166 ■■■ 熱帯収束帯では、蒸発量よりも降水量のほうが多い。水蒸気の不足分は、亜熱帯高圧帯の過剰な水蒸気の一部が輸送されてくることで補われている。　×

A 167 ■■■ 波数が1〜3の超長波の波動をプラネタリー波という。停滞性のプラネタリー波の振幅は、大規模な山岳に偏西風が衝突することによる力学的効果や、大陸上の大気と海洋上の大気の加熱の違いによる熱的効果が大きいほど、大きくなる。したがって、大陸が多く、ロッキー山脈などの大規模山岳が多い北半球のほうが振幅は大きい。　×

2 低気圧・高気圧

Q 168
★★
【H24①】
等圧面と等温面が交差する状態にある大気は、傾圧(けいあつ)大気である。

Q 169
★★
傾圧不安定波は温帯低気圧を発生させ、それを東に移動させるが、高気圧を発生させることはない。

Q 170
★★
【H23①】
発達期にある温帯低気圧においては、対応する気圧の谷の西側に上昇気流、東側に下降気流がある。

Q 171
★★★
【R4②】
発達中の温帯低気圧では、極向きに熱が輸送されており、気圧の谷の軸は上空ほど東に傾いている。

Q 172
★★
中緯度上空で南北の温度傾度が大きくなり、傾圧不安定(れいき)が励起されて温帯低気圧が発生すると、温帯低気圧は傾圧不安定を弱める働きをする。

A 168 下左図のように等圧面と等密度面つまり等温面が平行している大気は順圧大気である。これに対して、下右図のように等密度面（等温面）が等圧面と交差している、つまり等圧面上に等温線を描ける大気は傾圧大気である。　○

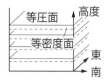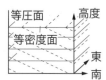

A 169 傾圧不安定波は低気圧だけでなく、東向きに進む移動性高気圧も発生させる。　✕

A 170 発達期の温帯低気圧は、上層の気圧の谷の東側に下層の気圧の谷があり、気圧の谷の軸の東側では相対的に暖かい空気が上昇し、西側では冷たい空気が下降している。　✕

A 171 温帯低気圧は、低緯度側の暖気を東側から取り入れて高緯度側へ運び、高緯度側の寒気を西側から取り入れて低緯度側へ運んでいる。つまり、熱を極向きに輸送している。また、発達中の温帯低気圧では気圧の谷は上空ほど西に位置している。つまり、気圧の谷の軸は上空ほど西に傾いている。　✕

A 172 温帯低気圧が南北方向に熱の輸送を行うことで、南北の温度傾度が軽減されるので、温帯低気圧は傾圧不安定を弱める働きをする。　○

Q 173 温帯低気圧は、大気中の水蒸気の凝結による熱エネルギーがない場合には発達しない。

 Q 174 等圧面高度が周囲よりも高い領域は高気圧であり、逆に周囲よりも等圧面高度が低い領域は低気圧である。

 Q 175 温帯低気圧は前線を伴い、一般的には、地上天気図では低気圧の中心から南西に寒冷前線、南東に温暖前線がのびる傾向がある。

A 173 温帯低気圧は、南北の水平温度傾度に起因する ✕
有効位置エネルギーから変換された運動エネル
ギーによって発達する。南北の水平温度傾度が
大きくなると、冷たくて重い空気は下へ、暖かく
て軽い空気は上へ移動する動きが生じる。この動
きによって有効位置エネルギーが運動エネルギー
に変換される。この変換された運動エネルギーに
よって温帯低気圧は発達するので、水蒸気の凝
結による熱エネルギーがなくても発達する。

 A 174 等圧面高度が周囲より高いことは、等高度面で 〇
は気圧が高い（低い）ことを意味する。

A 175 温帯低気圧の構造は下図のとおりである。一般 〇
的には寒冷前線は南西に、温暖前線は南東にの
びる傾向がある。

★★★
Q 176
■ ■
【H23②】
ブロッキング現象に伴って、極側に切離低気圧、赤道側に切離高気圧ができることが多い。

★★
Q 177
■ ■
【H25①】
偏西風の蛇行が大きくなると、南北の気圧傾度が大きくなるために、高低気圧の東進速度も大きくなる。

176 中高緯度偏西風帯のジェット気流が南北に大き × く蛇行・分流した状態が1週間以上続いて高・低気圧の移動を妨げることをブロッキング現象という。下図のように、極側に切離高気圧（ブロッキング高気圧）ができ、赤道側に冷気を閉じ込めた切離低気圧（寒冷低気圧）ができる。

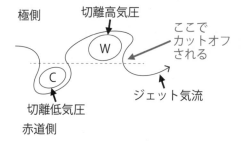

 177 偏西風は、一般的に中高緯度の上空における東 × 西方向の流れで近似できるが、南北方向の蛇行が大きくなると、ブロッキング型の流れとなり高低気圧の移動を妨げるため、高低気圧の東進速度は小さくなる。

3 中規模（メソスケール）・小規模現象

Q 178 孤立型の積乱雲（降水セル）は、一般風の鉛直シアーが強い状況で発生しやすく、積雲対流によって発達する。

Q 179 積乱雲の発達期に降雨が生じないのは、この段階では降水粒子が形成されていないからである。

Q 180
【H25①改】 対流圏界面の高度まで発達した積乱雲内で成長した雪やあられが落下しながら融けて雨粒となるときの蒸発・融解による冷却や、大きな水滴や氷の粒子による周囲の空気の引きずり下ろしによって下降流が作り出され、下降流は上昇流の源となる暖かく湿った空気の流入を断ってしまうため、積乱雲は急激に衰弱して一生を終える。

Q 181 一般風の鉛直シアーが小さい孤立型の積乱雲の寿命は、数10分～1時間程度である。

Q 182 積乱雲の下降流が地表付近で広がり、その先端にできたガストフロントが湿った暖かい空気を押し上げて新しい積乱雲が形成される。この過程を繰り返しながら移動する雷雨を、組織化されたマルチセル型雷雨という。

A 178 孤立型の積乱雲（降水セル）が発生しやすいの ✕
は、一般風の鉛直シアーが弱い状況である。後
半の、積乱雲が積雲対流によって発達する旨の
記述は正しい。

A 179 発達期の積乱雲内では、強い上昇流による断熱 ✕
冷却が起きて雨や雪などの降水粒子が形成され
るが、強い上昇流に支えられているため、地上
までは落ちてこない。降水粒子が形成されると
きに放出される潜熱で、雲内の温度が周囲より
も高くなり、浮力が生じて雲はますます成長し、
短時間で雲頂が対流圏界面付近にまで達する。

A 180 約 -50℃以下の対流圏界面の高度まで発達した ◯
積乱雲内で成長した雪やあられが、重さで落下
する過程で融けて雨粒となる際に融解熱を周囲
の空気から奪うので、空気が冷却されて重くな
り下降流が生じる。また、降水粒子が空気を引
きずり下ろすことで、下降流が強化され、上昇
流の源となる暖湿気の流入を断ってしまうので
積乱雲は急激に衰弱して一生を終える。

A 181 風の鉛直シアーが小さい場で発生する孤立型 ◯
（単一セル）の積乱雲は、降水で引き起こされ
た下降流が上昇流を抑制するので寿命が短い。

A 182 積乱雲からの冷たい下降流と周囲の暖湿空気が ◯
衝突してガストフロント（突風前線）ができ、
新しい積乱雲が生まれる。こうして積乱雲が自
己増殖しながら組織的に移動する雷雨を組織化
されたマルチセル型雷雨といい、周囲の風の鉛
直シアーが大きいときに発生しやすい。

Q 183 ★★★
スーパーセル型ストームは、長時間持続する積乱雲で、周囲の風の鉛直シアーが小さい場合に生じやすく、雹、ダウンバースト、竜巻などを伴うことがある。

Q 184 ★★★
大気下層を中心に大量の暖湿気の流入が持続し、大気の状態が不安定な状態の中で地形や局地前線などで上昇流が強化されて発達した積乱雲が、上空の風の影響で線状に並ぶことで、線状降水帯が形成される。

Q 185 ★★
海風は陸風に比べて強いので海岸から数10kmから100kmに達することもあるが、その反流の高度は、陸風の反流の高度に比べて低い。

Q 186 ★★
【H26②】
谷風により大気が山の斜面に沿って上昇すると気温が下がる。このとき、水蒸気が凝結して発生する雲は、ほとんどの場合層状性の雲である。

Q 187 ★★
【R4②】
熱的低気圧は、春から夏の晴れた日などに、昼間の地表面の加熱に伴い中部山岳地帯などの内陸部に発生し、夜間には消滅する。

A 183 ■■■ スーパーセル型ストームは、周囲の風の鉛直シアーが大きい場合に生じやすい、上昇流域と下降流域をもつ単一の巨大な積乱雲で、雹、ダウンバースト、竜巻などを伴うことがある。その特徴は、下層の空気を吸い上げて鉤状に上昇して雲頂付近で雲の進行方向に吹き出す強い上昇流を生じることである。この上昇流はレーダーエコーでフックエコーとして観測される。　✕

A 184 ■■■ 線状降水帯の発生メカニズムは、①下層を中心に大量の暖湿気の流入、②この暖湿気が局地前線や地形などの影響で上昇し、大気の状態が不安定な状態の中で発達、③上空の風の影響で積乱雲群が線状に並ぶことである。　◯

A 185 ■■■ 日の出から3～4時間後に吹き始める海風の強さが5～6m/sで海岸から100kmに達することもあるのに対して、日没から1～2時間後に吹き始める陸風の強さは2～3m/sである。また、反流の高さも海風のほうが高い。　✕

A 186 ■■■ 谷風は山の斜面に沿って生じる強制的な上昇気流である。そのため、山の急斜面を短時間に強制上昇する谷風によって発生する雲は、ほとんどの場合対流性の雲である。　✕

A 187 ■■■ 熱的低気圧（ヒートロウ）は、日中に地表面が加熱されることで発生する局地的な低気圧なので、日射による加熱の効果がなくなる夜間には消滅する。　◯

4 台風

★★★
Q 188
【R3①】
台風は、温度傾度に伴う有効位置エネルギーが、運動エネルギーに変換されることを主な要因として発生・発達する。

★★
Q 189
台風は気温が水平方向に一様な熱帯の大気中で発生・発達するため、台風に伴う雲や降雨の分布は中心に対してほぼ軸対称であり、温帯低気圧のように前線を伴うことはない。

★★★
Q 190
【H24①】
熱帯低気圧の発生域は、海面水温が26℃以上の海域とほぼ一致している。これは、熱帯低気圧の発生・発達には海水面からの顕熱の供給が必要なためである。

★★★
Q 191
台風の目の周りでは高度10〜15kmまで強い上昇流があり、上昇した空気は上層で時計回りの流れになって吹き出す。

★★
Q 192
台風の中心部分の目の領域は気圧が最も低いが、下降流となっているので降水はない。

A 188 台風は、暖かい海面から供給される水蒸気が凝　✕
結して雲粒になるときに放出される潜熱をエネル
ギーとして発達する。また、台風や台風を構成す
る積乱雲群の発生・発達過程は、空気が熱と水
蒸気の供給を受けて上昇→複数の対流雲発生→
膨大な凝結による潜熱放出→中心付近の気温上
昇→気圧低下→下層の湿潤空気の収束強化→上
昇流の強化という相互作用によって発達促進す
る第2種条件付不安定(CISK)によるものである。

A 189 温帯低気圧が発生・発達する中緯度の大気は、　〇
水平温度傾度（傾圧性）が大きい。台風が発生・
発達する熱帯の大気は気温が一様で南北の水平
温度傾度（傾圧性）が小さいので、前線を伴う
ことはなく、台風に伴う雲や降雨の分布は中心
に対してほぼ軸対称となる。

A 190 熱帯低気圧が発生・発達する際のエネルギー源　✕
は、海面水温が26～27℃以上の海域において、
暖湿な空気に含まれる水蒸気が活発な対流活動
によって水滴に変わるときに放出される潜熱で
ある。なお台風は、北西太平洋で発生した熱帯
低気圧のうち、低気圧域内の最大風速がおよそ
17m/s 以上のものをいう。

A 191 台風の下層では、中心に向かって反時計回りに　〇
空気が吹き込む。目の周りでは高温多湿の上昇
流によって壁雲（アイウォール）ができ、上層
では時計回りに吹き出している。

A 192 台風の目の領域は最も気圧が低い部分だが、下　〇
降流になっているので降水はなく、風も弱い。

Q 193 ★★ 台風の中心付近は、台風の周囲に比べ、下層から上層まで全体的に温度が低い。特に目の中は下降流のために温度が低くなっている。

 Q 194 ★★★ スパイラル・バンドは、発達期の台風の目を囲む壁雲の外側に雨雲がらせん状の列をなしているもので、これらの雲のほとんどは積乱雲である。

 Q 195 ★★★ 【H28①】 最盛期の台風の中心をとりまく壁雲の付近の風速は、大気境界層の上端付近で最大になる。

 Q 196 ★★ 【R2①】 台風が上陸後に勢力を弱める主な原因は、水蒸気の供給が減少し、また、陸地の摩擦によりエネルギーが失われるためである。

 Q 197 ★★ 日本に接近する台風の月別平均でみると、9月から11月の台風は、ほぼ日本海を北上する傾向がある。

A 193 ⬛⬛ 台風に吹き込んだ暖湿空気が上昇して凝結する 際に放出される潜熱によって、台風の中心付近 は周囲よりも温度が高くなっている。特に目の 中は下降流により、さらに温度が高くなってい るので、台風の中心付近は対流圏上層まで暖か くて密度の小さい空気柱で、気圧は非常に低い。　✕

A 194 ⬛⬛ 発達期の台風の中心付近から、らせん状に並ぶ 発達した積乱雲群をスパイラル・バンドという。 なお、積乱雲の雲頂付近から巻雲が吹き出して いることがある。　○

A 195 ⬛⬛ 台風の最大風速は、台風の中心を取り巻く壁雲 付近にあり、その高度は大気境界層の上端付近 （2km 付近）にある。　○

A 196 ⬛⬛ 台風の勢力は、熱帯の海面から熱と水蒸気の供 給を受けて空気が上昇し、上昇流によって水蒸 気が凝結する際に放出する潜熱で周囲よりも気 温が高くなって上昇流が強化されるとともに、 中心付近の気圧が低下することでさらに下層の 収束が強まることで維持される。そのため、台 風が上陸することで水蒸気の供給が減少するこ とや、海面よりも摩擦が強い陸上を移動するこ とでエネルギーが失われることは、台風が上陸 後に勢力を弱める主な原因である。　○

A 197 ⬛⬛ 日本海を北上するのは、太 平洋高気圧が勢力を増して 北上している 7、8 月の台 風である。9 月から 11 月 にはシベリア高気圧が張り 出し、太平洋高気圧の南下 に伴って太平洋側を北東に 進む傾向がある。　✕

121

★★★

Q 198
【R4②】
北半球の夏の下部成層圏で気温が最も高いのは赤道付近である。

★★★

Q 199
【H27②】
20 〜 60km の高度では、オゾンを含む大気が太陽放射を吸収することにより、経度平均した温度は夏半球の極域で最も高くなる。この温度分布に対応する温度風の関係により、夏半球のこの高度では東風が卓越する。

★★

Q 200
成層圏のブリューワー・ドブソン循環は、低緯度で生成されたオゾンを中高緯度へ輸送している。

★★★

Q 201
成層圏の突然昇温は、寒候期の北半球における成層圏の気温が短期間に急激に上昇する現象で、気温が上昇する領域は下層から始まり上層へと移動していく。

★★

Q 202
赤道域の成層圏における中・下層では、西風と東風が約 2 年の周期で交代している。

A 198 ■■■ 赤道付近はハドレー循環の上昇流域で断熱膨張 ✕
冷却が生じることや、赤道付近の対流圏界面の
高度は中高緯度よりも高く、対流圏の気温が1
kmで約6.5℃低下するのに対して下部成層圏は
鉛直方向に等温であることの影響で、下部成層
圏（高度約10〜20km）の気温は赤道付近で
最も低くなっている。つまり、北半球の夏の下
部成層圏では、赤道付近で気温が最も低い。

A 199 ■■■ オゾンによる紫外線の吸収の多い高度20〜 ◯
60kmでは、入射する太陽放射エネルギーの多
い夏半球の極域で、経度平均した温度が最も高
い。温度風は北（南）半球では高温域を右（左）
に見て吹くので、北（南）半球の夏には北（南）
極の高温域を右（左）に見て吹く。つまり、夏
半球では東風が卓越する。

A 200 ■■■ ブリューワー・ドブソン循環は、熱帯域の対流 ◯
圏界面付近で吹き出した空気が成層圏下層で両
半球の中高緯度へ向かう流れであり、オゾンを
中高緯度に輸送している。

A 201 ■■■ 成層圏の突然昇温は、寒候期の北半球で、対流 ✕
圏のプラネタリー波が成層圏に伝播して極夜渦
が崩壊することで、極域に下降流が生じて断熱
圧縮により気温が上昇する現象である。この断
熱圧縮で気温が上昇する領域は、上層から下層
へと移動していく。

A 202 ■■■ 赤道域の成層圏の中・下層で西風と東風が約2 ◯
年の周期で交代する現象を準2年周期振動と
いう。この現象は上層から下層に及んでいく。

☀ Point 16　大規模現象

■ 気圧分布、風帯、南北循環（子午面循環）

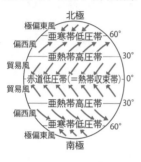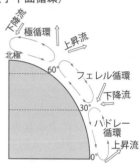

■ 熱と水蒸気の南北輸送

・ハドレー循環は、低緯度帯で極向きの熱輸送に主要な役割を果たしている。

・発達中の傾圧不安定波は、中緯度帯で暖気を極向きに寒気を赤道向きに輸送することで、極向きに熱を輸送している。

・熱帯収束帯で降雨量＞蒸発量、亜熱帯高圧帯で降雨量＜蒸発量なので、亜熱帯高圧帯の過剰な水蒸気の一部が水蒸気不足の領域へ輸送される。

重要用語 🔁 確認

平均子午面循環	南北方向の大循環であるハドレー循環と、フェレル循環と、極循環の3つの循環。
プラネタリー波	波数が1～3の、地球規模の波（大気の流れが南北に蛇行する現象）。
モンスーン	季節的に交替する季節風。日本の天候に大きな影響を与えるものとして、アジア・モンスーンがある。
貿易風	緯度20°～30°のハドレー循環に伴う地表付近で高緯度側から低緯度側へ向かう流れが、コリオリ力の影響で北半球では北東風（北東貿易風）、南半球では南東風（南東貿易風）となって吹く風。

☀Point 17　低気圧・高気圧

■ 傾圧不安定

　等温面（等密度面）が等圧面と交差している大気、つまり等圧面上に等温線を描ける大気の状態を、傾圧不安定という。

■ 温帯低気圧の発生

　2つの気団の境界に停滞前線ができ、風速の違いで波動が起きて気圧の谷（トラフ）が生じて発達する。

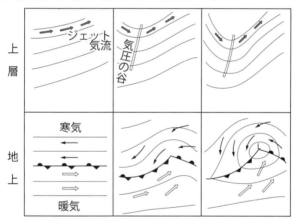

■ 偏西風の波動と地上の低気圧・高気圧の関係（発達期）

　地上の低気圧の西に上層のトラフ（気圧の谷）、高気圧の西にリッジ（気圧の尾根）が位置している。

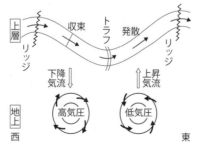

Point 18　中小規模現象

気団性雷雨	発達段階の違う複数の降水セルの集合による雷雨。一般風の鉛直シアーが小さい場合に生じやすい。
組織化されたマルチセル型雷雨	積乱雲からの冷たい下降流と周囲の暖かい空気との衝突で生じたガストフロントによって新しい積乱雲が生まれる過程を繰り返す巨大雷雨。一般風の鉛直シアーが大きい場合に生じやすい。 成熟期の親雲　ガストフロント　上層の風⇒　下降流　子雲　下層の風　暖気
スーパーセル型ストーム	上昇流域と下降流域をもつ単一の巨大な積乱雲。ダウンバーストや竜巻などを伴うことがある。一般風の鉛直シアーが大きい場合に生じやすい。 上層の空気　中層の空気　ストームの進行方向⇒　下層の空気　ガストフロント
線状降水帯	組織化した積乱雲群がほぼ同じ場所を数時間にわたって通過（停滞）することで生じる、線状にのびる長さ50〜300km程度、幅20〜50km程度の強い降水を伴う雨域。
海陸風	昼間に海から内陸深くまで吹くのが海風、夜間に陸から海へ吹くのが陸風。
山谷風	山間部で日中に谷から山頂に吹くのが谷風、夜間に山頂から谷に吹き降ろすのが山風。
熱的低気圧	標高が高い中部山岳地帯の内陸などで、日中の強い日射による加熱で地表面付近の気圧が低下して生じる局地的な低気圧。ヒートロウともいう。

☀Point 19　台風

- 台風とは、最大風速がおよそ 17m/s（34kt）以上に発達した熱帯低気圧をいう。
- 台風が発生・発達するには、海面水温が 26 ～ 27℃以上、コリオリ力、地表付近の空気の収束に加えて、背の高い上昇流を維持するために鉛直シアーが小さいことが必要である。
- 台風のエネルギーは、吹き込んだ暖湿空気が台風内で上昇して凝結する際に放出される潜熱である。
- 壁雲（アイウォール）とは、高温多湿の上昇流によって台風の目の周りにできる背の高い雲のことである。
- 台風の進路は、太平洋高気圧の勢力の影響により、統計的には 7、8 月は日本海側、9 ～ 11 月は太平洋側を進む。

☀Point 20　中層大気の運動

- 成層圏と中間圏の大気の運動は、まとまった 1 つの動き（風）を成していることから、高度約 10 ～ 110km の層をまとめて中層大気と呼ぶ。
- 北半球と南半球の季節は逆になっており、夏の季節にある半球を夏半球、冬の季節にある半球を冬半球という。
- 高度約 20 ～ 90km の中層大気では、夏半球で東風、冬半球で西風が卓越している。

重要用語 再 確認

ブリューワー・ドブソン循環	成層圏下層で低緯度から両半球の中高緯度へ向かう流れ。オゾンを中高緯度に運ぶ。
成層圏の突然昇温	寒候期に対流圏のプラネタリー波が伝播して極夜渦が崩壊し、極域に下降流が生じて断熱昇温が起きる現象。
準 2 年周期振動	赤道域の成層圏の中下層で西風と東風が約 2 年周期で交代する現象。この現象は上層から下層に及んでくる。

1 地球温暖化と異常気象

Q 203
★★

温室効果を持つ大気の主な成分は、二酸化炭素やメタンなどの温室効果ガスや水蒸気で、温室効果の大気全体への寄与が最も大きいのは二酸化炭素である。

Q 204
★★★
可視光線域に強い吸収帯を持つ二酸化炭素が増加することで、太陽からの短波放射の吸収量が増大することが、地球温暖化の要因となっている。

Q 205
★★

メタンは温室効果ガスであり、同一分子数で比較した場合の温室効果は、二酸化炭素よりも大きい。

Q 206
★★

大気中の二酸化炭素の濃度は季節変化しており、日本付近では夏に最大となる。

Q 207
★★

大気中に放出された二酸化炭素の一部は、海洋によっても吸収されている。

Q 208
★★
【R3②】

地球温暖化に伴う世界平均の海面水位の上昇は、海水温の上昇と北極海の海氷の融解による海水の体積の増加が主な原因であると考えられている。

温室効果気体の増加による地球温暖化、地球全体の気候に影響を与えるエルニーニョ現象のほか、フロンガスによるオゾンホールの形成、都市部の気温傾向などについても理解しておこう。

A 203 温室効果を持つ大気中の主な成分は、温室効果 ✕
ガス（二酸化炭素、メタン、一酸化二窒素、オゾン、フロンなど）や水蒸気であるが、大気全体への寄与が最も大きいのは水蒸気である。なお、水蒸気は温室効果気体ではあるがガスではないので、温室効果ガスには含まない。

A 204 二酸化炭素の主な吸収帯は赤外線域なので、大 ✕
気中の二酸化炭素が増加して、地球からの長波放射の吸収量が増大することが、地球温暖化の要因となっている。

A 205 大気への放出量と寿命を考慮すると温室効果へ ○
の寄与率は二酸化炭素のほうが大きいが、同一分子数での温室効果はメタンのほうが大きい。

A 206 二酸化炭素は植物の光合成で消費される。日本 ✕
の夏は草木が繁茂して光合成が活発になるので、大気中の二酸化炭素濃度は低下する。

A 207 大気と海洋の間では常に二酸化炭素のやり取り ○
が行われており、海洋全体で平均すると、海洋は大気から二酸化炭素を吸収している。

A 208 海氷はそもそも海水が凍ったものなので、海氷 ✕
の融解は海面水位の上昇には直接つながるものではない。海水温の上昇による海水の体積の増加や、山岳氷河や南極・グリーンランドの氷床など陸域の氷の融解は、海面水位の上昇の要因と考えられている。

Q 209 ★★
温暖化によって雪や氷が地球表面を覆う面積が減少すると、地表面が受け取る太陽放射エネルギーは減少する。

 Q 210 ★★★
【R1①】
エルニーニョ現象の発生時には、太平洋の日付変更線付近から南米沿岸にかけての赤道域で海面水温が平年より高くなる。

 Q 211 ★★★
ラニーニャ現象の発生時には、太平洋赤道域東部の貿易風（南東風）が強くなる影響で、海面水温の高い海域がダーウィン（オーストラリア北部）あたりまで移動し、その地域の対流活動が活発になる。

 Q 212 ★★
エルニーニョの年には、日本では梅雨明けの遅れや冷夏などの異常気象がもたらされることがある。

 Q 213 ★★★
南方振動指数は、タヒチとダーウィンの地上気圧の差を指数化したもので、貿易風の強さの目安の一つである。

 Q 214 ★★
通常は太平洋赤道域の大気にはウォーカー循環と呼ばれる東西方向の循環があるが、エルニーニョ現象の発生時はこの循環が弱まる。

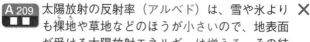

A 209 太陽放射の反射率（アルベド）は、雪や氷より ✕
も裸地や草地などのほうが小さいので、地表面
が受ける太陽放射エネルギーは増える。その結
果、雪や氷で覆われる面積はさらに減少する。

A 210 エルニーニョ現象の発生時には、西部太平洋赤 ◯
道域の日付変更線付近から南米沿岸にかけての
海面水温が平年より高くなり、その状態が1年
程度続く。なお、エルニーニョ現象発生時は、
東寄りの貿易風が弱く、西部に溜まっていた暖
かい海水が東へ広がるので、対流活動が活発な
領域が通常よりも東へ移動する。

A 211 ラニーニャ現象の発生時は東寄りの貿易風が強 ◯
く、海面水温の低い海域が西に広がり、海面水
温の高い海域がダーウィンあたりまで押しやら
れてその地域で対流活動が活発になる。

A 212 熱帯の対流活動は地球全体の大気に大きな影響 ◯
を及ぼすので、エルニーニョは熱帯だけでなく
中高緯度にも例年とは異なる天候をもたらす。
このように遠く離れた地域の気象に影響するこ
とをテレコネクション（遠隔結合）という。

A 213 熱帯の東部太平洋と西部太平洋との間の地上気 ◯
圧が、数年ごとにシーソーのように変動する現
象を南方振動といい、熱帯の東部太平洋の代表
地点としてのタヒチと西部太平洋の代表地点と
してのダーウィンの気圧差を指数化したものを
南方振動指数という。

A 214 南方振動現象をもたらすウォーカー循環は、エ ◯
ルニーニョ現象が発生すると弱まり、ラニー
ニャ現象が発生すると強まる。

2 環境汚染と都市気候

 地球表面の7割を占める海洋は、大気との間で海面を通して熱や水蒸気などを交換しており、海流や海面水温などの変動は大気の運動に大きな影響を及ぼす。

 【H26②】 火山の噴火によって微細な硫酸粒子（びさい りゅうさんりゅうし）が成層圏に放出されて滞留（たいりゅう）すると、これが赤外放射を吸収するために地上付近の気温を上昇させる。

 【H25①】 南極上空に発生する極成層圏雲（きょくせいそうけんうん）は、オゾンホールの形成を促進する要因のひとつである。

 オゾンホールは、日射量の多い盛夏（せいか）の頃に最も拡大する。

Q219 オゾンホールの形成に南極と北極で差があるのは、対流圏のプラネタリー波の波動の振幅の違いのためと考えられている。

 酸性雨は、大気中の硫黄酸化物（いおうさんかぶつ）や窒素酸化物（ちっそさんかぶつ）などの酸性物質が雲粒や雨粒に溶け込み、通常より酸性度が強くなった雨である。

132

A 215 気候変動の自然要因として海洋の変動、火山の噴火によるエーロゾルの増加、太陽活動の変化などがある。地球表面の7割を占める海洋は、大気との間で海面を通して熱や水蒸気などを交換しており、海流や海面水温などの変動は大気の運動に大きな影響を及ぼす。 〇

A 216 噴火によって成層圏に達した微細な硫酸粒子（成層圏エーロゾル）は、太陽光を反射・散乱し、地上に到達する太陽放射エネルギーを減少させる日傘効果で、地上付近の気温を低下させる。 ✕

A 217 冬季に南極上空が冷えて極成層圏雲ができると、その氷の粒の表面でフロンなどから生成された硝酸塩素や塩化水素を分解する反応が進む。春になって太陽光によって塩素分子が光解離し、活性塩素原子になり、オゾンを破壊してオゾンホールを形成する。 〇

A 218 オゾンホールは、春（南極の9～10月）になって太陽光があたり始めると形成・拡大される。 ✕

A 219 南極上空でオゾンホールが顕著なのは、北極域に比べ冬の南極域では対流圏のプラネタリー波の波動が弱いために極夜渦が強いからである。その結果、成層圏下部の温度が下がり極成層圏雲が発生し、その表面で化学反応が加速され、塩素分子が多く放出されるためとされている。 〇

A 220 酸性雨の原因物質は、化石燃料の燃焼や火山の噴火などによって放出された硫黄酸化物（SO_x）や窒素酸化物（NO_x）などである。 〇

Q 221 光化学スモッグが発生しやすい気象状態になることが予想される場合には、スモッグ気象情報が発表される。

 Q 222
【H22①】 日本で黄砂現象が発生することが多い季節は、春先から初夏にかけてである。

 Q 223 ヒートアイランド現象とは、都市の気温が周囲よりも高くなる現象で、主に、人口排熱の影響や都市における土地利用の変化の影響といった人為的要因によって生じる現象である。

 Q 224 都市では郊外に比べて放射冷却による接地逆転層が形成されやい。

 Q 225 都市と郊外の気温差は、冬の最低気温の差よりも夏の最高気温の差のほうが大きい。

Q 226 都市の表面の幾何学的な凹凸によってアルベドが減少していることは、ヒートアイランド現象を抑制している。

A 221 光化学スモッグの発生しやすい気象状態（晴れて、気温が高く、風が弱いなど）が予想される場合に発表される気象情報である。　○

A 222 黄砂現象は、中国やモンゴルの砂漠地帯で風によって舞い上げられた砂塵が上空の風に運ばれて浮遊したり落下したりするものである。　○

A 223 高温域が都市を中心に島のような形状に分布する現象をヒートアイランド現象という。（1）都市の多様な活動に伴って排出される熱が多いこと、（2）アスファルトやコンクリートなど人工被覆域が多い都市は植生域と比べて日射による熱の蓄積が多く、日中に蓄積した熱を夜間も大気へ放出して夜間の気温低下を妨げることが、ヒートアイランドの主な要因である。

A 224 都市は、ヒートアイランド現象によって夜間の気温が低下しにくい。接地逆転層は、夜間の放射冷却によって地表面に接する空気が冷やされ、その上にある空気よりも気温が低下することで形成されるので、夜間に気温が低下しにくい都市では接地逆転層は形成されにくい。　✕

A 225 都市と郊外の気温差は、夏よりも冬に大きい。これは、冬のほうが放射冷却が強いためである。したがって、冬の最低気温の差のほうが大きい。なお、昼間よりも夜間、曇天の日よりも晴天で風の弱い日のほうが気温差は大きい。　✕

A 226 都市の表面の凹凸はアルベドを減少させているが、アルベドが減少すると受ける太陽放射量は増えるので、ヒートアイランド現象を促進する。　✕

Point 21 　地球温暖化と異常気象

まとめて 整理　気候変動と地球温暖化

- 気候変動の自然的要因には、太陽活動、地球の公転軌道の変化、自転軸の傾きの変化、火山噴火などがある。
- 気候変動の人為的要因には、化石燃料の燃焼による二酸化炭素（CO_2）などの温室効果ガスやエーロゾルの排出、森林破壊や砂漠化などがある。
- 地表の状態とアルベド

地表の状態	裸地	砂漠	草地	森林	新雪	旧雪	海面*
アルベド〔%〕	10～20	2～40	15～25	10～20	80～95	25～75	30～70

*太陽高度角による

- 温室効果気体には、水蒸気、二酸化炭素、メタン、フロンなどがある。
- 植物が繁茂する暖候期は光合成が活発になるため、この時期には大気中の CO_2 濃度が低くなる。

まとめて 整理　異常気象

■ ラニーニャ現象時

- ラニーニャ発生時の太平洋赤道域では、東西の海面温度差が大きい。西部で対流活動がみられ、南方振動指数は正となり、貿易風が強まる。

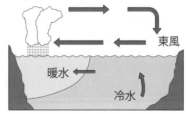

西部太平洋　　　　　東部太平洋

東風

暖水

冷水

■ エルニーニョ現象時

・エルニーニョ発生時の太平洋赤道域では、東西の海面温度差が小さい。中部で対流活動がみられ、南方振動指数は負となり、貿易風が弱まる。降水量は、通常の時と比べて中部で多くなり、西部で少なくなる。

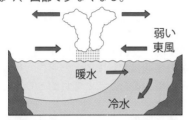

西部太平洋　　　　　　　東部太平洋

☀ Point 22 環境汚染と都市気候

重要用語 🔍 再 確認

成層圏エーロゾル	日傘効果により地球を寒冷化する。
極成層圏雲	冬季の南極上空で気温が著しく低温となって発生する、成層圏に形成される凍った微粒子からなる雲。
オゾンホール	フロンガスが光解離して塩素原子となり、これが触媒となってオゾン層のオゾンが破壊される現象。南極の春(9〜10月)に顕著である。
酸性雨	化石燃料の燃焼や火山の噴火による硫黄酸化物（SO_x）や窒素酸化物（NO_x）などで雨や霧が酸性化する。
光化学スモッグ	大気中の窒素酸化物などが紫外線で光化学オキシダントとなり、視程の低下や健康被害をもたらす現象。5〜9月頃の気温が高く、風が弱く、日差しが強い日に発生しやすい。
黄砂	日本では春先から初夏に多く観測される。
ヒートアイランド現象	都市が高温化する現象。郊外との気温差は、昼間よりも夜間、夏よりも冬、曇天よりも晴天で風の弱い日に大きい。

1 気象業務法の目的と観測の規定

Q 227 気象業務法は、気象業務に関する基本的制度を定めることによって、気象業務の健全な発展を図り、もって災害の予防、交通の安全の確保、産業の興隆等公共の福祉の増進に寄与するとともに、気象業務に関する国際的協力を行うことを目的としている。

★★★
Q 228 気象業務法で規定している気象業務の対象は、気象つまり大気に関する諸現象であり、地震や津波は業務の対象外である。

Q 229 「気象」とは、大気（電離層を除く）の諸現象をいう。
【H20①】

Q 230 気象業務法で定義されている「観測」とは、気象庁長官の登録を受けた者が行う検定に合格した気象測器を用いて行う現象の観察および測定をいう。

Q 231 気象業務法で定義されている「予報」とは、観測の成果に基づいて現象を予想することである。

Q 232 気象業務法における「警報」とは、重大な災害の起こるおそれのある旨を警告して行う予報である。

学科試験で最も出題数の多い項目である。気象業務法と施行令（省令）、施行規則のポイントを押さえるとともに、災害対策基本法、水防法、消防法の関連事項を確認しておこう。

A 227 ☐☐☐　気象業務法第1条で述べている同法の目的である。キーワードは、災害の予防、交通の安全の確保、産業の興隆、公共の福祉の増進、国際的協力である。　○

A 228 ☐☐☐　気象業務の対象には、気象のほか、地象（地震および火山現象ならびに気象に密接に関連する地面および地中の諸現象）と水象（気象に密接に関連する陸水および海洋の諸現象）が含まれるので、地震も津波も業務の対象となる。（法2条4項）　✕

A 229 ☐☐☐　電離層は大気の範囲内（熱圏）に含まれているが、電離層での現象は気象への影響が小さいため、気象で扱う諸現象からは除外されている。（法2条1項）　○

A 230 ☐☐☐　気象業務法における観測の定義は、「自然科学的方法による現象の観察および測定」である。測器についての言及はない。（法2条5項）　✕

A 231 ☐☐☐　気象業務法における予報の定義は、「観測の成果に基づく現象の予想の発表」である。（法2条6項）　✕

A 232 ☐☐☐　警報とは、重大な災害が起こる可能性があることの警告を伴う予報である。（法2条7項）　○

Q 233 気象庁以外の政府機関が、研究のために行う気象の観測を行う場合には、国土交通省令で定める技術上の基準に従ってしなければならない。

 Q 234 教育の一環として中学校の気象クラブの生徒が気象の観測を行う場合には、国土交通省令で定める技術上の基準に従う必要はない。

 Q 235 鉄道会社が災害を防止するために気象の観測を行う場合には、気象庁長官の許可を得なければならない。

 Q 236 動物園を所有する法人が園内に風の観測施設を設置し、観測値を同園のホームページでのみ公表する場合は、観測施設を設置した旨を気象庁長官に届け出る必要はない。

 Q 237
【H30①】 気象庁長官は、気象観測の施設の設置の届け出をした者に対し、観測の成果の報告を求めることができる。

 Q 238 地方公共団体が気象の観測を行う場合には、国土交通省令で定める技術上の基準に従うとともに、国土交通大臣に対して設置および廃止の届け出をしなければならない。

A 233 気象庁以外の政府機関は、国土交通省令で定める技術上の基準に従って気象の観測を行う必要があるが、観測が研究のためである場合は当該基準に従う必要はない。（法6条1項①） ✕

 A 234 教育のために行う気象の観測は、国土交通省令で定める技術上の基準に従う必要はない。（法6条1項②） 〇

学科・一般 第8章 気象法規

A 235 政府機関・地方公共団体以外の者が、その成果を災害の防止に利用するために気象の観測を行う場合、技術上の基準に従う必要があるが、気象庁長官の許可は不要である。なお、観測施設を設置した場合は、気象庁長官に届け出る必要がある。（法6条2項②） ✕

A 236 政府機関及び地方公共団体以外の者が、その成果を発表するための気象の観測を行う場合は、技術上の基準に従って行う必要があり、その者が観測施設を設置したときは、その旨を気象庁長官に届け出なければならない。園内に観測施設を設置して公表することはこれに該当するので、届け出る必要がある。（法6条2項・3項） ✕

 A 237 気象庁長官は、気象に関する観測網を確立するため必要があると認めるときは、施設の設置の届け出をした者に対し、気象の観測の成果を報告することを求めることができる。（法6条4項） 〇

 A 238 地方公共団体が気象の観測を行う場合、技術上の基準に従う必要があるが、観測施設の設置および廃止の届け出は、国土交通大臣に対してではなく、気象庁長官に対して行う。（法6条1項・3項） ✕

Q 239 気象業務法において「気象測器」とは、気象、地象及び水象の観測に用いる器具、器械及び装置をいう。

 Q 240
【R1①改】
気象業務法第17条第1項の予報業務の許可(以下、すべて「法17条1項の予報業務の許可」という。)を受けている者が気温の観測を行い、その観測データを外部に発表せずに予報業務に用いるときには、当該観測に用いる温度計は気象庁の検定を受けたものである必要はない。

 Q 241
【H27①】
登録検定機関に対して検定を申請するときは、その手続きは当該気象測器の製造者がしなければならない。

 Q 242 気象と水象の観測・報告を義務づけられている船舶は、技術上の基準に従って気象の観測をしなければならないが、使用する気象測器は検定に合格したものである必要はない。

 Q 243
【R3②】
気象測器の検定の有効期間は、測器の種類にかかわらずすべて5年間である。

 Q 244 法17条1項の予報業務の許可を受けた者が予報業務を行うための観測であっても、気象庁が行った観測または検定に合格した気象測器を用いた観測(本観測という)の成果を補完するために行う観測(補完観測という)であれば、一定の要件を満たすことで、検定に合格していない気象測器を当該補完観測に使用することができる。

A 239 気象業務法における気象測器の定義は、「気象、地象及び水象の観測に用いる器具、器械及び装置」である。（法2条8項）　○

A 240 予報業務に用いる、温度計、気圧計、湿度計、風速計、日射計、雨量計、雪量計の気象測器は、登録検定機関の検定に合格したものである必要がある。予報業務に用いるときに使用する温度計は、観測データの発表の有無に関係なく検定に合格したものである必要がある。（法9条）　✕

A 241 登録検定機関に対して検定を申請する際の申請者を特定する規定はないので、誰が申請を行ってもよい。法の求めは、技術上の基準に従って観測を行う者が検定に合格した気象測器を用いることである。　✕

A 242 当該船舶による気象の観測も、技術上の基準に従わなければならないので、気象測器も検定に合格したものでなければならない。（法9条）　✕

A 243 すべての気象測器に有効期間の定めがあるわけではない。また、有効期間の定めがある気象測器の場合であっても、気象測器の種類によって1年、5年のように異なっている。　✕

A 244 補完観測においては、国土交通省令で定めるところにより、本観測の正確な実施に支障を及ぼすおそれがなく、かつ、補完観測が当該予報業務の適確な遂行に資するものであることについての気象庁長官の確認を受けたことを条件として、検定に合格していない気象測器を使用することができる。（法9条2項）　○

2 予報・警報行為の規定

 Q 245 気象庁は、水防法の規定により提供を受けた情報を活用するに当たって、特に専門的な知識を必要とする場合には、水防に関する事務を行う国土交通大臣の技術的助言を求めることができる。

 Q 246 気象注意報、警報および特別警報の内容は、新たな注意報、警報または特別警報の発表によって切り替えられるとき、あるいは解除されるときまで継続される。

 Q 247 【H24①】気象庁以外の者が気象又は波浪の警報の業務を行おうとする場合は、気象庁長官の許可を受けなければならない。

 Q 248 【H24②】気象庁は、津波、高潮および洪水以外の水象についての水防活動の利用に適合する予報および警報をすることができる。

 Q 249 気象・地象・津波・高潮・波浪・洪水の警報は気象庁しかできないが、津波警報に関しては特例として市町村長がすることができる場合がある。

 Q 250 国土交通大臣が気象庁長官と共同で行う水防活動の利用に適合する洪水予報は、あらかじめ指定された河川のみが対象とされている。

A 245 気象庁は、水防法第11条の2第2項の規定により提供を受けた情報を活用するに当たって、特に専門的な知識を必要とする場合には、水防に関する事務を行う国土交通大臣の技術的助言を求めなければならない。(法14条の2第4項) ✕

A 246 気象注意報、警報および特別警報の内容は、その種類にかかわらず、①新たな注意報、警報または特別警報によって切り替えられるとき、②解除されるとき、いずれかのときまで継続される。 ○

A 247 気象業務法第23条に、「気象庁以外の者は気象、地象、津波、高潮、波浪及び洪水の警報をしてはならない」と規定されているので、気象庁長官が警報の業務を許可することはない。 ✕

A 248 気象業務法には、津波、高潮および洪水以外の水象についての水防活動の利用に適合する予報および警報についての規定はない。 ✕

A 249 気象業務法施行令第10条による特例は、津波に関する気象庁の警報事項を適時に受けることができない状況にある場合である。(法23条) ○

A 250 水防法に規定されている洪水予報についてである。国土交通大臣は、2以上の都府県の区域にわたる河川など、あらかじめ指定した河川について、気象庁長官と共同して、洪水のおそれがあると認められるときは水位又は流量などを示して当該河川の状況を関係都道府県知事に通知するとともに、一般に周知させなければならない。(法14条の2、水防法10条2項) ○

Q 251 国土交通大臣は、洪水、津波又は高潮により国民経済上重大な損害を生ずるおそれがあると認めて指定した河川、湖沼又は海岸について、水防警報をしなければならない。

 Q 252 気象庁からの気象・高潮・波浪警報の通知先は、海上保安庁、都道府県の機関のみである。

 Q 253 気象庁から通知を受けた警報を市町村長に通知するように努めなければならないのは、都道府県の機関だけである。

 Q 254
【H27②】 特別警報の基準を定めようとするときは、気象庁は、あらかじめ関係都道府県知事の意見を聴かなければならない。

 Q 255 気象庁は、政令の定めるところにより、気象、地象、津波、高潮及び波浪についての航空機及び船舶の利用に適合する予報及び警報をすることができる。

 Q 256
【R4②】 日本放送協会の機関は、気象庁から通知された警報事項を、直ちに放送しなければならない。

Q 257 気象庁が発表する気象に関する特別警報には、大雨特別警報、大雪特別警報、暴風特別警報、暴風雨特別警報、暴風雪特別警報がある。

A 251 水防法に規定されている水防警報についてである。国土交通大臣は、洪水、津波又は高潮により国民経済上重大な損害を生ずるおそれがあると認めて指定した河川、湖沼又は海岸について、水防警報をしなければならない。(水防法16条)　〇

A 252 気象業務法施行令第8条において、警報の種類ごとの通知先を定めている。気象・高潮・波浪警報の通知先は、消防庁、海上保安庁、都道府県、NTT東日本、NTT西日本、日本放送協会の機関である。　✕

A 253 市町村長に通知するように努めなければならない機関には、都道府県の機関だけでなく、警察庁、消防庁、NTT東日本、NTT西日本の機関も含まれる。(法15条)　✕

A 254 気象庁は、気象業務法施行令第5条に基づく特別警報の基準を定めようとするときには、あらかじめ関係都道府県知事の意見を聴かなければならない。(法13条の2)　〇

A 255 気象、地象、津波、高潮及び波浪についての航空機及び船舶の利用に適合する予報及び警報をすることは、気象庁の義務（しなければならない）として規定されている。(法14条)　✕

A 256 日本放送協会の機関が通知された警報事項を放送することは、義務（しなければならない）として規定されている。(法15条6項)　〇

A 257 気象に関する特別警報は、大雨特別警報、大雪特別警報、暴風特別警報、暴風雪特別警報の4種類である。(令5条)　✕

3　予報業務の許可と罰則

Q 258 ★★ 【H26①】
都道府県知事が高潮予報を行うには、気象庁長官の許可が必要である。

Q 259 ★★★

法17条1項の予報業務の許可を受けるには、当該予報業務を適確に遂行するに足りる、観測その他の予報資料の収集・解析の施設と要員を有する必要がある。

Q 260 ★★★

法17条1項の予報業務の許可を受けるには、予報業務の目的と範囲に係る気象庁の警報事項を迅速に受けることができる施設と要員を有するとともに、利用者に対して予報事項を迅速に伝えるための施設を有する必要がある。

Q 261 ★★
気象業務法の規定によって罰金以上の刑に処せられた者が法17条1項の予報業務の許可を受けるには、その執行が終わった日、または執行を受けることがなくなった日から2年を経過していることが必要である。

Q 262 ★
法17条1項の予報業務の許可を受けた者が気象庁長官から許可の取り消しを受けた場合、取り消しを受けた日から2年を経過するまでは予報業務の許可を得られない。

Q 263 ★★★

法17条1項の予報業務の許可を受けている者が予報の対象区域を変更する場合には、気象庁長官に対して事前に報告書を提出しなければならない。

A 258 ■■　気象庁以外の者が気象、地象、津波、高潮、波浪又は洪水の予報業務を行おうとする場合は、気象庁長官の許可を受けなければならない。(法17条1項)　○

A 259 ■■　予報資料の収集・解析の施設と要員を有することは、予報業務の許可基準の1つである。(法18条1項①)　○

A 260 ■■　警報事項を迅速に受けることができる施設と要員を有することは、予報業務の許可を得るための基準の1つであるが、予報事項を利用者に迅速に伝える施設を有することは許可基準に含まれていない。(法18条1項②)　×

A 261 ■■　気象業務法の規定により罰金以上の刑に処せられた者が許可を得られないのは、執行が終わった日、または執行を受けることがなくなった日から2年を経過するまでである。(法18条2項①)　○

A 262 ■■　許可の取り消し処分を受けた場合、その日から2年を経過するまでは、他の許可条件が満たされていても再許可を得られない。(法18条2項②)　○

A 263 ■■　予報業務の許可は、目的と範囲を定めて行う。予報の対象区域は範囲に含まれるので、変更する場合は許可基準を満たしているかどうかの審査を受け、事前に気象庁長官による変更の認可を受ける必要がある。(法19条)　×

Q 264 法17条1項の予報業務の許可を受けた者が現象の予想の方法を変更する場合には、その日から30日以内に気象庁長官に報告書を提出しなければならない。

Q 265 法17条1項の予報業務の許可を受けた者が予報業務の一部を休止した場合には、その日から30日以内に気象庁長官に届け出なければならない。

Q 266 気象予報士は、予報業務の許可を受けた事業者の下で予報業務に従事しようとするときに、その旨を気象庁長官に届け出なければならない。

【H22①】

Q 267 事業所ごとの、気象庁の警報事項を利用者に伝達した者の氏名は、法17条1項の予報業務の許可を受けた者が予報業務を行う場合に記録しておかなければならない事項の1つである。

Q 268 予報業務許可事業者が、当該予報業務の目的および範囲に係る気象庁の警報事項を予報業務の利用者に伝達することを怠った場合には、予報業務許可事業者に気象業務法の罰則が適用される。

【R3①改】

Q 269 気象庁長官による予報業務の改善命令を受けた予報業務許可事業者が、改善命令に違反して業務を行った場合には、予報業務許可事業者に気象業務法の罰則が適用される。

【R3①改】

A 264 現象の予想の方法の変更は、変更の事由発生後、 X
遅滞なく気象庁長官に報告書を提出しなければ
ならないが、その期限が決められているわけで
はない。(則50条2項)

A 265 予報業務の全部または一部を休止し、または廃 ○
止した場合は、その日から30日以内に気象庁
長官に届け出なければならない。(法22条)

A 266 事業所ごとの気象予報士の氏名と登録番号は、 X
予報業務の許可を受けようとする者が提出する
書類の必須記載事項である。また、その変更の
届け出は予報業務の許可を受けた者の義務であ
る。したがって気象予報士自身に届け出義務は
ない。(則10条、則50条)

A 267 気象庁の警報事項の利用者への伝達の状況(当 X
該許可を受けた予報業務の目的及び範囲に係る
ものに限る。)を記録しておく必要はあるが、
伝達した者の氏名の記録は不要である。(則12
条の2)

A 268 予報業務許可事業者に課せられている、予報業 X
務の目的および範囲に係る気象庁の警報事項の
予報業務の利用者への伝達は、義務ではなく任
意規定であり、当該事例における罰則規定は存
在しない。

A 269 気象業務法第47条で、業務改善命令(法17 ○
条1項の予報業務の許可を受けた者に対して、
気象庁長官は予報業務の運営を改善するために
必要な措置をとるべきことを命ずることができ
る)に違反した者については、「30万円以下の
罰金」に処することの罰則が規定されている。

Q 270 正当な理由がなく、気象庁が設置した雨量計にふたをして観測を妨げる行為をした場合には、何人であっても気象業務法の罰則が適用される。

 Q 271 私有地の所有者が、気象庁長官の命による観測のために気象庁職員がその土地へ立ち入ることを拒んだ場合であっても、気象業務法の罰則の適用はない。

 Q 272
【H25①】
予報業務の許可を受けた者から提供される局地予報を携帯電話向けに配信する業務を行う者は、予報業務の許可を受けなければならない。

 Q 273 校長の依頼によって地学の教諭が3日後の体育祭の日の天気を予想する場合、校長とその地学教諭は、予報業務の許可を受ける必要はない。

Q 274 気象の予報の業務をその範囲に含む予報業務の許可を受けた者は、気象の予想と当該予想をするための気象の観測を気象予報士に行わせなければならない。

 Q 275 気象庁発表の予報内容を変えることなく、一般向けに分かりやすく解説する場合は、法17条1項の予報業務の許可を受ける必要はない。

 Q 276
【H28①】
事業所において現象の予想に携わる気象予報士は、気象庁長官から発行された気象予報士登録通知書を事業所の見やすい場所に掲示しておかなければならない。

A 270 気象測器等の保全（何人も、正当な理由なく、気 ○
象庁が設置する気象測器や津波などの警報の標識
を壊したり移したりして、これらの効用を害する行為
をしてはならない）に違反した者には、「3年以下の
懲役、または100万円以下の罰金、あるいはこれら
の併科」に処することの罰則規定がある。（法44条）

A 271 土地又は水面の立入（気象庁長官は、気象など ✕
の観測を行うために必要がある場合、当該業務
に従事する職員を、私人が所有し、占有する土
地などに立ち入らせることができる）に違反し
た者には、「30万円以下の罰金」に処すること
の罰則規定がある。（法47条）

A 272 予報業務を行うには気象庁長官の許可が必要だ ✕
が、予報の配信は予報業務ではないので許可は
不要である。

A 273 現象の予想はしているが、予報業務ではないの ○
で許可は不要である。

A 274 気象の予報の業務をその範囲に含む予報業務の ✕
許可を受けた者が気象予報士に行わせなければ
ならない業務は、気象の予想だけである。観測
についての規定はない。（法19条の2）

A 275 独自の予報内容を加えず、分かりやすく解説す ○
る行為は、気象庁発表の予報内容の伝達で予報
業務ではないので許可は不要である。

A 276 気象庁長官から発行された気象予報士登録通知 ✕
書を、掲示しておく旨の規定は存在しない。

Q 277 法17条1項の予報業務の許可を受けた者は、当該予報業務の目的と範囲に係る気象庁の注意報および警報事項を迅速に利用者に伝達するように努めなければならない。

 Q 278 法17条1項の予報業務の許可を受けた者が、事業所ごとの予報業務に従事する要員の配置の状況及び勤務の交替の概要を変更する場合には、あらかじめ気象庁長官の許可を受けなければならない。

 Q 279 法17条1項の予報業務の許可を受けた者が作成する記録は、2年間保存しなければならない。

 Q 280 法17条1項の予報業務の許可を受けた者は、気象庁の警報事項を受ける方法に変更が生じたときは、その旨を記載した報告書を気象庁長官に提出しなければならない。
【R3②改】

Q 281 法17条1項の予報業務の許可を受けた者は、当該予報業務の予報対象区域ごとに、一日当たりの現象の予想を行う時間に応じて規定された数以上の専任の気象予報士を置かなければならない。

A 277 予報業務の許可を受けた者が迅速に利用者に伝 ✕
達するように努めなければならないのは、警報
事項だけである。この規定に注意報は含まれて
いない。(法20条)

 A 278 法17条1項の予報業務の許可を受けた者は、 ✕
事業所ごとの予報業務に従事する要員の配置の
状況及び勤務の交替の概要に変更が生じたとき
に、その旨を記載した報告書を気象庁長官に提
出することで足りる。事前の許可は不要。(則
10条2項③、則50条)

 A 279 予報事項等の記録は2年間の保存が義務づけ ○
られている。なお、予報業務の許可を受けた者
が複数の事業所を有している場合は、事業所ご
とに記録を作成する。(則12条の2)

 A 280 気象庁の警報事項を受ける方法の変更は、法 ○
17条1項の予報業務の許可を受けた者が気象
庁長官に報告書を提出しなければならない事項
の1つである。(則10条2項①、則50条)

 A 281 予報対象区域ごとではなく、事業所ごとに規定 ✕
されている。法17条1項の予報業務の許可を
受けた者は、1日当たりの現象の予想を行う時
間に応じて「8時間以下:2人」、「8時間を超
え16時間以下:3人」、「16時間を超える時
間:4人」以上の専任の気象予報士を現象の予
想を行う事業所ごとに置く必要がある。(則11
条の2)

4 気象予報士

Q 282
【R4②】
気象予報士になるためには、気象予報士試験に合格し、気象庁長官の承認を受けなければならない。

Q 283
気象予報士試験は、日本国籍を持たない者であっても受けることができる。

Q 284
気象予報士となる資格を有していても、刑法上で罰金以上の刑の執行を受けてから2年を経過していない場合は、登録を受けられない。

Q 285
【H20②】
気象庁長官は、不正な手段によって気象予報士試験を受けた者、または受けようとした者に対しては、試験の合格決定を取り消し、または試験を停止することができる。また、気象庁長官は、この処分を受けた者に対し、情状により2年以内の期間を定めて試験を受けることができないものとすることができる。

Q 286
【H30②】
気象予報士は、自ら気象予報士の登録の抹消を申請することができる。申請が認められた場合は、再び気象予報士への登録をすることができない。

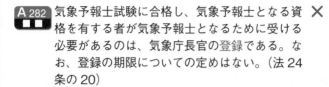

A 282 気象予報士試験に合格し、気象予報士となる資格を有する者が気象予報士となるために受ける必要があるのは、気象庁長官の登録である。なお、登録の期限についての定めはない。（法24条の20）　✕

A 283 気象予報士試験の受験資格に、国籍要件や年齢要件はない。　○

A 284 登録の欠格事由は、気象業務法の規定によって罰金以上の刑に処され、その執行を終わった日、または執行を受けることがなくなった日から2年を経過しない者、あるいは、偽りその他不正な手段で登録を受けたことが判明して登録の抹消処分を受け、その処分の日から2年を経過していない者である。（法24条の21）　✕

A 285 気象予報士試験において不正をした者は、合格を取り消されるうえに、最長で2年間は再受験することができない。（法24条の18）　○

A 286 気象予報士は、自ら気象予報士の登録の抹消を申請することができ、当該申請があった場合、気象庁長官は登録を抹消しなければならない。しかし、再び登録を申請することもできる。（法24条の25）　✕

Q 287 気象庁長官は、気象予報士が気象業務法の規定により罰金以上の刑を受けた場合には、登録を抹消しなければならない。

 Q 288 予報業務許可事業者が気象業務法の規定により予報業務の許可の取り消し処分を受けた場合には、当該予報業務許可事業者に雇用され予報業務に従事していた気象予報士の登録は抹消される。

 Q 289 予報業務の許可を受けた事業者の指示により、気象予報士の資格のない従業員が現象の予想を行ったことで事業者が罰金刑に処された場合、その従業員はその後2年を経過するまで気象予報士試験を受けることができない。

 Q 290 気象予報士の登録を受けた者は、5年ごとに気象予報士の登録更新の手続きを行う必要があるが、予報業務に従事している気象予報士は当該登録更新の手続きが免除される。

 Q 291 気象予報士が、気象予報士名簿に登録を受けた住所を変更した場合には、その旨を30日以内に気象庁長官に届け出なければならない。

 Q 292 気象予報士が死亡した場合、その相続人は遅滞なく、その旨を気象庁長官に届け出なければならない。

A 287 気象予報士の登録の欠格事由は、登録抹消の事由となっている。その他の登録抹消の事由は、気象予報士が死亡したとき、試験の合格を取り消されたときなどである。（法24条の25第1項②）　○

A 288 雇用先の予報業務許可事業者が予報業務の許可の取り消し処分を受けたことを理由として、気象予報士の登録が抹消される旨の規定は存在しない。　×

A 289 気象予報士試験の受験資格については規定が存在しないので、2年を待たずに受験することができる。　×

A 290 気象予報士には、そもそも登録更新を必要とする旨の規定は存在しない。そのため、登録更新の手続きが免除される旨の規定も存在しない。　×

A 291 気象予報士が登録されている住所を変更した場合には、その旨を遅滞なく気象庁長官に届け出なければならない。届け出の期限についての定めはない。（法24条の24）　×

A 292 気象予報士が死亡した場合、その相続人は遅滞なく、その旨を気象庁長官に届け出なければならない。（法24条の25第2項）　○

5 気象業務法の関連法規

 Q293 災害対策基本法は、国土ならびに国民の生命、身体、財産を災害から保護し、社会の秩序の維持と公共の福祉の確保に資することを目的としている。

 Q294 災害対策基本法では、国には、災害予防、災害応急対策および災害復旧の基本となるべき計画の作成が義務づけられており、都道府県には、当該都道府県の地域に係る防災に関する計画の作成が義務づけられている。

 Q295 【R3②】 国及び地方公共団体は、ボランティアによる防災活動が災害時において果たす役割の重要性に鑑み、ボランティアの自主性を尊重しつつ、ボランティアとの連携に努めなければならない。

 Q296 災害が発生するおそれがある異常な現象を発見した者は、遅滞なく、その旨を市町村長または警察官もしくは海上保安官に通報しなければならない。

 Q297 中央防災会議は、防災基本計画を作成するとともに、災害及び災害の防止に関する科学的研究の成果並びに発生した災害の状況及びこれに対して行なわれた災害応急対策の効果を勘案し、5年ごとに、防災基本計画に検討を加え、必要があると認めるときは、これを修正しなければならない。

A 293 この目的を達成するために、国と地方公共団体、〇
その他の公共機関を通じて防災に必要な体制を
確立し、責任の所在を明確にするとともに、防
災計画を作成し、必要な災害対策の基本を定め、
総合的・計画的な防災行政の整備・推進を図る、
としている。（災対法1条）

A 294 国の責務は、防災に関する基本的な計画の作成、〇
法令に基づくその実施、地方公共団体などの防
災に関する事務または業務の推進と総合調整、
経費負担の適正化を図ることである。都道府県
の責務は、計画の作成、法令に基づくその実施、
区域内の市町村などが処理する事務・業務の支
援とその総合調整である。（災対法3条、4条）

A 295 災害対策基本法第5条の3に規定されている、〇
国及び地方公共団体とボランティアとの連携に
ついてである。この規定は、努めなければなら
ないという任意の規定となっている。

A 296 異常な現象の発見者が通報を義務づけられてい〇
る通報先は、市町村長、警察官または海上保安
官である。（災対法54条1項）

A 297 中央防災会議は、毎年防災基本計画に検討を加　✕
え、必要があると認めるときは、これを修正し
なければならない。（災対法34条1項）

★★★
Q 298 災害が発生するおそれがある異常な現象の通報を受けた市町村長は、その旨を気象庁その他の関係機関に通報しなければならない。

 ★
Q 299 市町村長が自ら災害に関する警報をしたときは、都道府県知事の許可を得て、住民などに対して必要な通知または警告をすることができる。

 ★★★
Q 300 都道府県知事は、災害が発生し災害の拡大を防止するために特に必要があると認めるときは、必要と認める地域の必要と認める居住者等に対し、避難のための立退きを指示することができる。

 ★
Q 301 警察官又は海上保安官が、市町村長からの要求により避難のための立退きを指示したときは、その旨を市町村長に通知しなければならない。

 ★★★
Q 302
【R4②】 内閣総理大臣は、非常災害が発生した場合において、当該災害の規模その他の状況により当該災害に係る災害応急対策を推進するため特別の必要があると認めるときは、臨時に内閣府に非常災害対策本部を設置することができる。

 ★★★
Q 303 災害対策基本法において、市町村は、基礎的な地方公共団体として、当該市町村の住民の生命、身体及び財産を災害から保護するため、防災業務計画を作成し、実施する責務を有するものとされている。

A 298 市町村長が通報しなければならないのは気象庁とその他の関係機関である。（災対法54条4項）　○

A 299 設問の必要な通知または警告は、市町村長自身が必要と認めたときに行うことができると規定されている。（災対法56条）　✕

A 300 災害の拡大を防止するために特に必要があると認めるときに、必要と認める地域の必要と認める居住者等に対し、避難のための立退きを指示することができるのは市町村長である。（災対法60条1項）　✕

A 301 警察官又は海上保安官は、立退きなどを指示したときは、直ちに、その旨を市町村長に通知しなければならない。（災対法61条3項）　○

A 302 内閣総理大臣は、非常災害が発生した場合で、特別の必要があると認めるときは、臨時に内閣府に非常災害対策本部を設置することができると規定されている。（災対法24条1項）　○

A 303 防災業務計画は、指定行政機関の長または指定公共機関が、防災基本計画に基づき作成する。市町村が、当該市町村の住民の生命、身体及び財産を災害から保護するために作成し実施する責務を有しているのは、市町村地域防災計画である。（災対法5条1項）　✕

Q 304 水防法において「水防管理者」とは、水防管理団体である市町村の長又は水防事務組合の管理者若しくは長若しくは気象予報士をいう。

Q 305 水防法第11条の2で、国土交通大臣は、都道府県知事から国土交通大臣が指定した河川について国土交通大臣が洪水のおそれを予測する過程で取得した情報の提供についての求めがあったときは、当該情報を当該都道府県知事と気象庁長官に提供するものとされている。

Q 306 消防法第22条第3項で、都道府県知事は、気象の状況が火災の予防上危険であるとの通報を受けたとき、またはその危険があると認めるときは、火災に関する警報を発することができると規定されている。

Q 307 消防法第22条第4項で、火災の警報が発せられたときは、警報が解除されるまでの間、その市町村の区域内に在る者は、市町村条例で定める火の使用の制限に従わなければならないと規定されている。

Q 308 消防法第22条第1項で、気象庁長官、管区気象台長、沖縄気象台長、地方気象台長または測候所長は、気象の状況が火災の予防上危険であると認めるときは、その状況を直ちにその地を管轄する消防署長に通報しなければならないと規定されている。

A 304 水防法において「水防管理者」とは、水防管理　✕
団体である市町村の長又は水防事務組合の管理
者若しくは長若しくは水害予防組合の管理者の
ことである。（水防法2条3項）

A 305 都道府県知事から当該情報の提供の求めがあっ　○
たときは、国土交通大臣は、当該情報を当該都
道府県知事と気象庁長官に提供するものとする
と規定されている。（水防法11条の2）

A 306 火災に関する警報を発する権限は、市町村長に　✕
与えられている。（消防法22条3項）

A 307 火災に関する警報の発生下にある者は、条例で　○
定める火の使用の制限に従う義務がある。また、
市町村長は、火災の警戒上特に必要がある場合、
一定期間、一定区域内での焚き火または喫煙を
制限することができる。（消防法22条4項）

A 308 気象の状況に火災の予防上危険がある場合に気　✕
象庁長官などが通報しなければならないのは、
都道府県知事である。なお、この通報を受けた
都道府県知事は、それを直ちに市町村長に通報
しなければならない。（消防法22条1項）

☀ Point 23　気象業務法の目的と観測の規定

・気象業務の健全な発展を図り、もって災害の予防、交通の安全の確保、産業の興隆等公共の福祉の増進に寄与するとともに、気象業務に関する国際的協力を行うことを目的とする。

・政府機関と地方公共団体が行う気象観測は、国土交通省令の技術上の基準に従う。ただし、研究、教育目的の観測などは例外とする。

・政府機関と地方公共団体以外の者による、成果を発表するための気象観測は、国土交通省令の技術上の基準に従う。

・技術上の基準に従って観測する者の義務は以下のとおり。

> 1. 観測施設を設置・廃止したときは気象庁長官に届け出る。
> 2. 気象測器は検定に合格したものを使用。
> 3. 気象庁長官の要請があれば観測成果を報告。

・予報業務のための観測に用いる気象測器（温度計、気圧計、湿度計、風速計、日射計、雨量計、雪量計）は、検定に合格したもののみ使用可能。

重要用語 再 確認

気象	大気（電離層を除く。）の諸現象。
地象	地震、火山現象、気象に密接に関連する地面・地中の諸現象。
水象	気象、地震又は火山現象に密接に関連する陸水・海洋の諸現象。
気象業務	気象・地象・地動・水象の観測とその成果の収集および発表。気象・地象（地震では地震動に限る）・水象の予報と警報の発令など。
観測	自然科学的方法による現象の観察・測定。
予報	観測成果に基づく現象の予想の発表。
警報	重大な災害の起こるおそれがある旨を警告して行う予報。
特別警報	警報の発表基準をはるかに超えて重大な災害の危険性が著しく高まっている場合に発表されるもの。

☀ Point 24 予報・警報行為の規定

・気象庁は、気象、地象（地震にあっては、地震動に限る）、津波、高潮、波浪及び洪水についての一般の利用に適合する予報及び警報をしなければならない。

・原則として、気象庁以外の者は、気象、地象、津波、高潮、波浪及び洪水の警報をしてはならない（例外として、津波に関する気象庁の警報事項を適時に受けることができない状況にある地の市町村の長による津波警報がある）。

・気象庁が水防法の規定により行う、洪水についての水防活動の利用に適合する予報及び警報は以下のとおり。

---

1. 国土交通大臣と共同して行うもの
→2以上の都府県の区域にわたる河川その他の流域面積が大きい河川で洪水により国民経済上重大な損害を生ずるおそれがあるものとして指定した河川について、水位又は流量（氾濫した後においては、水位若しくは流量又は氾濫により浸水する区域及びその水深）を示して行う。

2. 都道府県知事と共同して行うもの
→国土交通大臣が指定した河川以外の流域面積が大きい河川で洪水により相当な損害を生ずるおそれがあるものとして指定した河川について、水位又は流量を示して行う。

・気象庁は、水防法の規定により提供を受けた情報を活用するに当たって、特に専門的な知識を必要とする場合には、水防に関する事務を行う国土交通大臣の技術的助言を求めなければならない。

・気象庁による警報の伝達先は以下のとおり。

---

1. 警察庁・消防庁→市町村長→公衆と所在の官公署
2. 国土交通省→航行中の航空機
3. 海上保安庁→航海中・入港中の船舶
4. 都道府県→市町村長→公衆と所在の官公署
5. NTT東日本・西日本→市町村長→公衆と所在の官公署
6. NHK：警報事項を直ちに放送する義務

☀Point 25　予報業務の許可と罰則

・予報業務とは、観測の成果に基づく現象の予想の発表を、定時的又は非定時的に反復・継続して行う行為で、発表手段や、営利か非営利かは関係ない。
・気象庁などが発表した内容を解説する行為は、独自の予報を加えない限りは、単なる伝達行為で予報ではない。
・気象庁以外の者が気象、地象、津波、高潮、波浪又は洪水の予報業務を行おうとする場合は、気象庁長官の許可が必要。変更する場合は、認可が必要。
・気象庁長官による、予報業務の許可基準は以下のとおり。

> 1. 予報業務を適確に遂行するに足りる観測や予報資料の収集及び予報資料の解析の施設及び要員を有すること。
> 2. 予報業務の目的及び範囲に係る気象庁の警報事項を迅速に受けることができる施設及び要員を有すること。　など

・予報業務の許可を受けた者が予報業務を行った場合に事業所ごとに記録し、2年間保存する義務がある事項は以下のとおり。

> 1. 予報事項の内容及び発表の時刻。
> 2. 予報事項（地震動、火山現象及び津波の予報事項を除く）に係る現象の予想を行った気象予報士の氏名。
> 3. 気象庁の警報事項の利用者への伝達の状況（許可を受けた予報業務の目的及び範囲に係るものに限る）。　など

重点 CHECK　主な罰則

・正当な理由なく、気象庁や技術上の基準に従ってしなければならない気象の観測を行う者が設置する気象測器、警報の標識を壊したり移したりして効用を害する行為をした。→3年以下の懲役もしくは100万円以下の罰金
・法17条1項の予報業務の許可を受けないで予報業務を行った。→50万円以下の罰金
・予報業務の許可を受けた者が予報業務の全部又は一部を休止し、又は廃止したときの届け出をせず、又は虚偽の届け出をした。→20万円以下の過料

☀ Point 26　気象予報士

・気象予報士試験（受験資格に制限なし）に合格したものは、気象予報士となる資格を有する。その後気象庁長官に登録申請書を提出し、気象庁長官による登録を受ける（登録年月日・登録番号・氏名・住所・生年月日・国土交通省令で定める事項）ことで気象予報士となる。
・登録の欠格事由は以下のとおり。

1. 気象業務法による罰金以上の刑の執行終了後2年以内。
2. 不正な手段で登録を受けたことが判明して登録抹消処分を受けてから最長で2年以内。

・気象予報士にしか行えない業務は、現象の予想で、観測・予報の伝達・解説などは気象予報士以外も可能。

☀ Point 27　気象業務法の関連法規

・災害対策基本法の目的は、国土、国民の生命、身体、財産の災害からの保護である。
・防災体制の確立、責任の所在の明確化、防災計画の作成により、総合的・計画的な防災行政の整備、推進を図る。
・防災基本計画の作成と実施、地方公共団体などの事務・業務の推進と総合調整、経費負担の適正化を図るのが国の責務であり、都道府県地域防災計画の作成と実施、市町村などの事務・業務の支援と総合調整を図るのが都道府県の責務である。
・避難のための立ち退き指示、立ち退き先の指示を出すものは、以下のとおり。

1. 市町村長（事後速やかに都道府県知事に報告）。
2. 市町村長が行えない場合は警察官または海上保安官。
3. 市町村が災害で事務を行えなくなった場合には都道府県知事が代行。

・災害のおそれのある異常現象の通報先は、市町村長・警察官・海上保安官であり、報告を受けた警察官・海上保安官→市町村長→気象庁と通報していく。
・気象状況が火災の予防上危険な場合は、気象庁・管区気象台長・沖縄気象台長・地方気象台長・測候所長→都道府県知事→市町村長（火災に関する警報の発表）と通報していく。

1 地上気象観測

Q 309 ★
気象庁の地上気象観測装置では、電気式温度計、電気式湿度計、転倒ます型雨量計、電気式気圧計、風車型風向風速計、全天電気式日射計、回転式日照計、積雪計、視程計などの測器が用いられている。

Q 310 ★★★
【R4①】
降水とは、大気中の水蒸気が凝結したり、昇華してできた液体・固体およびそれらの併合による生成物、すなわち雨・雪・あられ・ひょうなどが落下する現象、又は落下したものの総称である。

Q 311 ★★★
気象庁で使用している転倒ます型雨量計の中には2個のますが取り付けられていて、受水器で受けた雨水が一方の転倒ますに1mm溜まると、転倒ますが転倒し、1回の転倒で1mmの降水量を観測したことになる。

Q 312 ★★★
地上天気図上に記されている気圧は、観測点の高度から標準海面高度までの間に空気があると仮定し、現地気圧、気温、および湿度を用いて海面までの気圧差を計算することで補正した海面気圧である。

Q 313 ★★★
【R4②】
観測地点の気温は、観測データの面的な均一性を保つ目的で、下層大気の標準的な気温減率を用いて平均海面の高さの気温に補正して、観測値としている。

気温・気圧・風・湿度（水蒸気量）などの気象要素がどのように観測され、どのように利用されているかを理解しよう。特に気象衛星画像の読み取り方は重要なので、各衛星画像の特徴を確実に習得しておこう。

A 309 ■■ 気圧計以外の測器は観測露場（ろじょう）など、気圧計や信号変換部は観測室内に設置されている。なお、観測装置が周囲の人工物の影響を受けないよう配慮した場所を露場という。 ○

A 310 ■■ 降水とは、大気中の水蒸気が凝結したり、昇華してできた液体・固体およびそれらの併合による生成物、すなわち雨・雪・あられ・ひょうなどが落下する現象、又は落下したものの総称であると定義されている。 ○

A 311 ■■ 気象庁で使用している転倒ます型雨量計のます容積は 0.5mm 相当となっている。そのため、転倒ます 1 回の転倒で 0.5mm、2 回の転倒で 1mm 相当の降水量を観測したことになる。 ✕

A 312 ■■ 観測点の気圧を、静力学平衡の式と気体の状態方程式を使って標準海面高度（高度 0m）の気圧に換算することを海面更正（かいめんこうせい）といい、その値が海面気圧である。 ○

A 313 ■■ 観測地点の気温の平均海面の高さの気温への補正は、行っていない。気温の鉛直分布では、静力学平衡の関係式が成り立たないので、平均海面の高さに補正することはできない。 ✕

★★★
Q 314 気象庁が行う気温の観測は、電気式温度計を用いて、芝生の上 1.5m の位置で観測することを標準としており、電気式温度計は直射日光に当たらないよう、通風筒の中に格納されている。

 ★★
Q 315 風向を 16 方位で表す場合の北の風は「00」、南の風は「08」となる。

 ★★★
Q 316 風の観測結果を地上実況気象通報式に従って通報する場合には、観測時前 10 分間の平均風を、風向は36 方位で、風速はノット単位で表記する。
【H24②】

★★
Q 317 瞬間風速は、観測時刻前 3 秒間の平均値である。

172

気象庁が行う気温の観測は、芝生の上 1.5m の ◯
位置で観測することを標準としている。また、
電気式温度計は、直射日光に当たらないよう通
風筒の中に格納されている。通風筒上部の電動
のファンで筒の下から常に外気を取り入れて円
筒内を上向きに通風し、外気との温度差がない
状態にして気温を計測している。

 16 方位で表す場合は、北の風が「16」、南の ✕
風が「08」となる。なお、36 方位では、真北
の風が「36」、真南の風が「18」である。

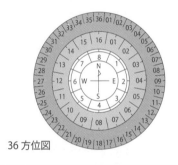

36 方位図

 地上実況気象通報式による風向・風速の通報 ◯
は、観測時前 10 分間の平均風向・風速を、36
方位とノット(kt)単位で行う。1kt は 1 時間あ
たりに移動した海里数（1 海里＝1852m）で、
実用上は 1m/s が約 2kt である。なお、1 海里
は地球の大円上における 1 分角（1/60 度角）
の弧長なので、60 海里が緯度 1 度の距離であ
る。

瞬間風速は、観測時刻 3 秒前から 0.25 秒間隔 ◯
で観測される 12 個の測定値の平均である。

Q 318 ★★
【H28①】
0.1m/s刻みで観測した10分間平均風速が0.5m/s以下の場合を「静穏」という。この範囲は、気象庁風力階級の風力0に相当する。

Q 319 ★★★
地表面の粗度(そど)が小さい場所では最大瞬間風速が発生する確率が増大するので、平均風速が同じ場合の突風率は大きくなる。

Q 320 ★★★
【H26②】
日照時間は、全天日射量が一定の値以上となった時間を合計して求めている。

Q 321 ★★★
全天日射は、直達日射と散乱日射の和である。

Q 322 ★★
【R3①】
雪などの固形降水が積もって地面を覆っている状態を「積雪」といい、稀に夏季にひょうが積もって「積雪」となることがある。

Q 323 ★★
【R2①】
積乱雲が全天の9割を覆い、観測点では雨は降っていないが視界内に降雨が認められる場合、天気は「雨」である。ただし、ここに記述されていない雲や大気現象は発現していないものとし、天気は「快晴、晴、薄曇、曇、雨、雪、地ふぶき」の中から選ばれているものとする。

A 318 10分間平均風速が0.3m/s未満の場合を静穏という。また、0.3m/s未満の場合は、気象庁風力階級（気象庁が、国際的な風力階級表を基に採用している風力の階級表）の風力0に相当する。 ✕

 A 319 突風率は、「最大瞬間風速／平均風速」と定義される。地表面の粗度（でこぼこ）が小さい場所は風向や風速が一様になりやすいので、最大瞬間風速が発生する確率は小さくなり、平均風速が同じ場合の突風率は小さくなる。 ✕

 A 320 日照時間は、全天日射量ではなく、直達日射量が0.12kWm^{-2}以上となった時間の合計である。 ✕

A 321 「全天日射＝直達日射＋散乱日射」である。直達日射とは、大気中で雲や空気分子などによって散乱・反射されずに直接地上に達した日射であり、太陽光線に垂直な面で受ける日射である。散乱日射とは、大気中で吸収・散乱・反射されて天空の全方位から入射する日射である。 ○

 A 322 「積雪」とは、雪などの固形降水物が自然に積もって地面を覆っている状態と定義されているが、夏季のひょうや氷あられは積もっても積雪とはいわないとも定義されている。 ✕

 A 323 視界内に降雨が認められても、観測点で降水現象がない場合は「雨」には該当しない。また、雲量1以下の状態が長く継続する状態は「快晴」、雲量2以上8以下は「晴」、雲量9以上で上層雲より中下層雲量が多く（少なく）降水現象がない状態は「曇（薄曇）」である。したがって、降水がなく積乱雲が全天の9割を覆う場合の天気は「曇」である。 ✕

Q 324 ★★ 雲の観測では、雲形別雲量の合計が全雲量を上回ることがある。

Q 325 ★ アメダスは、全国の地域気象観測所などで自動的に気象の観測を行うことで雨、風、雪などの気象状況を時間的、地域的に細かく監視するためのシステムである。

Q 326 ★★★ アメダスでは、降水量、風向・風速、気温、日照時間の観測を行っている。

Q 327 ★★ 気象庁の気象観測統計の平年値は、前年からさかのぼる 30 年間の平均値である。

Q 328 ★★ 推計気象分布は、1km 四方のメッシュの細かさで推計したもので、天気は 5 種類、気温は 0.5℃ごと、日照時間は 1 時間ごとのそれぞれの単位で表している。

Q 329 ★ 気温の推計気象分布は標高による気温の違いを考慮して作成した情報であるため、観測所のない場所でも標高に応じた気温の分布を知ることができる。

A 324 雲は部分的に重なっていることが多いので、雲形別雲量の合計と全雲量は一致しないのが普通である。　○

A 325 アメダス（AMeDAS）とは、地域気象観測システムのことで、全国の地域気象観測所などで観測を自動的に行い、気象災害の防止・軽減に重要な役割を果たしている。なお、アメダスは観測データの自動品質管理を行うことで、品質を保持している。　○

A 326 アメダスでは、降水量、風向・風速、気温、湿度の4要素の観測を行っているほか、雪の多い地方では積雪の深さも観測している。　✕

A 327 気象庁の気象観測統計の平年値は、連続する30年間の観測値を用いて作成し、10年ごとに変更される。たとえば2021〜2030年までの10年は、1991〜2020年の30年間の平均値を使用する。　✕

A 328 推計気象分布は、アメダスや気象衛星の観測データなどをもとに天気、気温、日照時間の分布が、1km四方のメッシュの細かさで視覚的に把握できる情報である。天気は晴れ、くもり、雨、雨または雪、雪の5種類、気温は0.5℃ごと、日照時間は0.2時間ごとのそれぞれの単位で表し、1時間ごとに更新される。　✕

A 329 気温の推計気象分布は、アメダスの気温の観測値などを用い、標高による気温の違いも考慮して作成した情報である。そのため、観測所のない場所でも標高に応じた気温の分布を知ることができる。　○

2　高層気象観測

Q 330 気象庁では、ゴム気球に吊り下げた気象観測器が、約6m/sの速さで上昇しながら大気の状態を観測するラジオゾンデによる高層気象観測を行っている。

Q 331 ラジオゾンデで観測できるのは高度約10kmまでである。

Q 332 GPSゾンデ方式によるラジオゾンデ観測での風向・風速は、ゾンデに搭載された風向風速計で観測して地上に送信される。

Q 333 気象庁で使用しているラジオゾンデでは、気圧は通常、気温、湿度、高度の情報から計算によって算出しているが、気圧計を搭載し直接気圧を測定できるGPSゾンデもある。

Q 334
【R3②】
昼間のラジオゾンデ観測では、日射の影響により温度計センサーが大気の温度よりも高い値を示すことがあるが、発表される気温の観測値には日射の影響は補正されていない。

A 330 気象庁では、GPS 受信機を搭載した GPS ゾン　○
デという種類のラジオゾンデを使用している。

 A 331 ゾンデの気球は気圧の低い上空に行くほど膨　✕
張して6〜8倍まで膨らむが、最終的には破
裂するので、ゾンデで観測できるのは高度約
30km までである。

 A 332 ゾンデには風向風速計は搭載されていない。　✕
現在、気象庁のラジオゾンデの観測方式は、
GPS ゾンデ方式を用いている。GPS ゾンデは、
複数の GPS 衛星の電波を受信し、GPS ゾンデ
の移動によって生じる GPS 衛星信号の周波数
偏移を利用して風向・風速を求めている。

 A 333 気温と湿度は GPS ゾンデに搭載されているセ　○
ンサーで測定し、風向・風速と高度は GPS 衛
星の電波を利用して算出している。また、気圧
は通常、気温、湿度、高度の情報から計算によっ
て算出しているが、気圧計を搭載し直接気圧を
測定できるものもある。

A 334 昼間のラジオゾンデ観測では、日射の影響によ　✕
り温度計センサーが大気の温度よりも高い値を
示すことがあるため、日射の影響を補正（日射
補正）している。観測値として発表されるのは、
日射による加熱、周囲の空気との熱交換、赤外
放射に対する補正が行われた値である。

Q 335
【H28①】
ラジオゾンデ観測においては、気温が一定の基準値以下に低下すると湿度の正確な測定が難しくなるので、その後は湿度の観測は行わない。

 Q 336
高層気象観測における水蒸気量は湿度で観測され、その数値が通報されている。

 Q 337
ラジオゾンデ観測は、世界中の観測所において、協定世界時の0時に1日1回行われている。

 Q 338
【R2①】
気象庁では、すべての気象台と海洋気象観測船で高層気象観測を行っている。

 Q 339
高層気象観測の結果は、地上気象観測と同様、世界中に配信されている。

 Q 340
指定気圧面の気温、湿度、風向・風速は、その面に最も近い観測点の値を採用している。

A 335 ラジオゾンデ観測で使用している湿度計は、低温になると精度が低下するので、気温が −40℃ 以下になると、湿度の観測は行われない。 ○

A 336 高層気象観測での水蒸気量の観測は湿度で行われているが、通報は湿数（＝気温 − 露点温度）で行われている。 ×

A 337 ラジオゾンデ観測は1日に2回、協定世界時の0時と12時（日本時間の09時と21時）に、世界中の観測所で一斉に行われている。 ×

A 338 気象庁における高層気象観測はすべての気象台で行っている訳ではない。令和5年4月現在は、国内の16か所の気象官署や海洋気象観測船、南極（昭和基地）で、高層気象観測を行っている。 ×

A 339 地上気象観測の結果と同じく、高層気象観測の結果も月ごとの統計結果が世界中に配信されている。 ○

A 340 指定気圧面は、等圧面天気図などを作成するためにあらかじめ定められた気圧面であり、1000hPa、925hPa、850hPa、700hPa、500hPa、300hPaなどがある。この面での気温、湿度、風向・風速は、この面を挟む上下の観測点の値から内挿して求めている。 ×

Q 341 ウィンドプロファイラは、ドップラー効果を利用し、大気の乱れや降水粒子によって散乱される電波の送信波と受信波の周波数のずれを測定して高層風を観測する機器である。

 Q 342 ウィンドプロファイラは10分間隔で観測しており、10分ごとの瞬間値が観測値となる。

 Q 343 ウィンドプロファイラでは、鉛直方向から傾きをもつ東西南北の4方向に電波を発信している。

 Q 344 散乱され上空から戻ってくる電波の強度の鉛直分布から、上空の融解層の存在を判別できる場合がある。

【R2②】

 Q 345 ウィンドプロファイラ観測において、降水粒子が散乱体となっているときに得られる鉛直速度は、気流の速度ではなく、降水粒子の落下速度である。

A 341 ■■ 気象庁ではウィンドプロファイラを用いた高層　〇
風の観測を行っている。ウィンドプロファイラ
は、ドップラー効果を利用し、気温と湿度で
決まる大気の屈折率の空間的な乱れ（大気乱
流）によって散乱される電波の送信波と受信波
の周波数の変化を用いて、高層風を連続的に観
測する機器である。周波数約 1.3GHz（波長約
22cm）の電波を発信し、最大で 12km 程度ま
での上空の風向・風速を 10 分間隔で観測する。

A 342 ■■ ウィンドプロファイラは 10 分間隔で観測して　✕
いるが、観測値は 10 分ごとの瞬間値ではなく、
前 10 分間の平均値である。なお、この 10 分
間に十分なデータが得られない場合は、データ
の欠測（けっそく）として扱う。

A 343 ■■ ウィンドプロファイラは、鉛直方向と鉛直方向　✕
から傾きをもつ東西南北の 5 方向に電波を発射
することで風の 3 成分（鉛直成分と水平 2 成分）
を求め、風の立体的な流れを算出している。

A 344 ■■ 融解層（上空で雪片（せっぺん）が雨滴に融解する気温が　〇
0℃程度の層）では、雪片の表面が融け水の膜
に覆われて表面積が大きくなるので、大きな雨
滴と同様に電波を強く反射し、気象レーダーで
実際よりも強いエコーが観測されることがあ
る。そのため、電波の強度の鉛直分布から上空
の融解層の存在を判別できる場合がある。

A 345 ■■ 降水現象がある場合、大気の乱れによる散乱よ　〇
り降水粒子からの散乱のほうが強いため、降水
時に得られる鉛直速度は、降水粒子の地面に対
する落下速度である。

★★★
Q 346 ウィンドプロファイラの観測可能高度は、夏に高く、冬に低くなる。

 ★★
Q 347 ウィンドプロファイラによる観測は、鉛直方向の分解能が高いので、接地境界層内の詳細な鉛直構造を把握するのに適している。
【R1②改】

 ★★★
Q 348 ウィンドプロファイラ観測で得られた高層風の時系列図から、寒冷前線が通過したことを読み取ることができる。

 ★★★
Q 349 ウィンドプロファイラで温暖前線の通過を観測すると、地表付近に南よりの風が入り始め、時間とともにその層が上空に向かって厚くなる様子を捉えることができる。
【R4②】

A 346 ウィンドプロファイラの観測可能高度は、水蒸気の多い夏では高く、乾燥して水蒸気の少ない冬では低い。 ○

 A 347 ウィンドプロファイラは、上空の風を高度300mごとに観測しているが、接地境界層は地表面から50〜100m程度の高度の地表面に接する薄い層である。そのため、ウィンドプロファイラによる観測では接地境界層内の風の詳細な鉛直構造を把握することはできない。 ✕

 A 348 高層風の時系列図で、地上付近の風向が南寄りから北寄りに変わり、北成分の風の層が次第に厚くなっていれば、寒冷前線が通過したことがわかる。この場合、前線の通過以前の風向は上方に向かって時計回りに、通過後は反時計回りに変化している。 ○

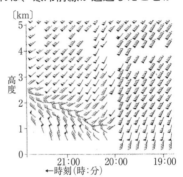

 A 349 前線面は上層ほど寒気側に傾いているので、まずは上空の温暖前線面が通過しその後に地上の温暖前線が通過する。そのため、温暖前線後面の南よりの風が吹く層の厚みは、時間とともに上空から地表付近に向かって厚くなる。なお、寒冷前線の場合はまず地上の寒冷前線が通過し、その後上空の寒冷前線面が通過するので、寒冷前線後面の北よりの風が吹く層の厚みは、時間とともに地表付近から上空に向かって厚くなる。 ✕

気象庁が行っている気象ドップラーレーダー観測で
は、アンテナを回転させながら電波を発射し、戻っ
てきた電波の強弱から降水粒子までの距離を観測し
ている。

 気象レーダーから水平に発信された電波は地球表面
に沿うように曲がりながら伝播するが、レーダーか
らはるか遠方では低高度の降水を観測できなくな
る。

 降水強度が同程度でも、レーダーから降水までの距
離が倍になると、エコー強度は2分の1になる。

A 350 気象ドップラーレーダーでは、アンテナを回転 ✕
させながら電波（マイクロ波）を発射し、発射
した電波が戻ってくるまでの時間から降水粒子
までの距離を測り、戻ってきた電波（レーダー
エコー）の強さから降水粒子の強さを観測して
いる。また、戻ってきた電波の周波数のずれ
（ドップラー効
果）を利用して、
降水粒子の動き
（降水域の風）も
観測している。

A 351 レーダーからの電波は大気の屈折率によって下 ◯
方に曲がりながら伝播するが、その曲がり方は
地球の曲率に比べて小さいので、電波はレー
ダーから遠いほど地表面から離れていき、レー
ダーから 300km で高さ約 6km となる。した
がって低高度の降水は観測できなくなる。

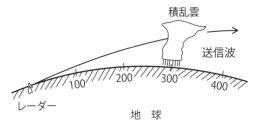

A 352 エコー強度は距離の2乗に反比例するので、距 ✕
離が倍になるとエコー強度は4分の1になる。

Q 353 ★★ 気象庁の気象ドップラーレーダーでは、風に流される降水粒子から反射される電波のドップラー効果を用いて、レーダーに近づく風の成分を測定することはできるが、遠ざかる風の成分を測定することはできない。

 Q 354 ★★★ 同じ雨量をもたらす降水ならば、雨粒の直径が大きくて単位体積あたりの雨粒の数が少ない降水と、雨粒の直径は小さいが雨粒の数が多い降水のエコー強度はほぼ同じになる。

 Q 355 ★★ 気象レーダーの電波経路の途中に強い降水域があると、その降水域よりも遠くにある降水エコー強度は実際よりも強く観測される。

 Q 356 ★★★ 気象レーダーでは降水エコーが観測されているのに、直下の地上では降水が観測されないことがある。

 Q 357 ★★ 上空の雪が融けて雨に変わる層では、レーダービームを強く散乱するので、実際の降水はエコー強度から推定されるものよりも弱い。

Q 358 ★★ 気象レーダーで観測される海面の凹凸や波しぶきからの反射であるシークラッタは、強風時ほど多く観測される。

A 353 気象ドップラーレーダーでは、降水の位置や強 ✕
さの他に、風に流される降水粒子から反射され
る電波のドップラー効果を用いて、レーダーに
近づく風の成分と遠ざかる風の成分を測定する
ことができる。これをドップラー速度と呼び、
レーダーから見て真横に移動する速度はドップ
ラー速度 0 となる。

A 354 エコー強度を決める平均受信電力は、レーダー ✕
反射因子に比例し、雨粒の数よりも直径に大き
く依存する。そのため、直径の大きい降水のエ
コー強度のほうが強い。

A 355 電波は空間を伝播中に大気や降水粒子により減 ✕
衰するので、途中に強い降水域があると、それ
より遠くの降水エコー強度は実際より弱まる。

A 356 気象レーダーでは降水エコーが観測されていて ◯
も、降水粒子が落下する途中で蒸発したり、下
層の風に流されたりすることで、降水粒子が直
下の地上に到達せず、地上では降水が観測され
ないことがある。

A 357 上空の雪片などが融けて雨粒に変わる 0℃程度 ◯
の層(融解層)より上の層は雪片なのでエコー
強度は弱く、下の層では雪片が完全に融けて雨
粒なので落下速度が増して、エコー強度はやは
り弱くなる。そのために 0℃程度の層は上下の
層に比べてエコー強度が強く、輝いてみえる。
これをブライトバンドという。

A 358 海面の波浪などによるエコーをシークラッタと ◯
いい、波しぶきの立ちやすい強風時ほど多く発
生する。

Q 359 ★★★ 気象レーダーでは、降水エコー以外にも強い地形エコーを観測するが、これはコンピュータで完全に除去することができる。

 Q 360 ★★★ 気象レーダー観測では、グランドクラッタやシークラッタ以外にも、実際には降水がないのに現れるエコーがあり、これをエンゼルエコーという。

 Q 361 ★★ 気温が高度とともに急激に上昇している層では、異常伝搬が発生しやすい。

 Q 362 ★★★ 気象庁の気象ドップラーレーダーで観測されるドップラー速度の解像度で竜巻を直接検出することができる。

 Q 363 ★ 【H28①】 気象庁の気象ドップラーレーダーでドップラー速度を観測できる最大距離は、降水粒子を観測できる最大距離よりも短い。

A 359 山岳や建造物などによる強いエコーを地形エ　✕
コー（グランドクラッタ）という。これらは時
間的変動がないのでコンピュータによって自動
的に除去されているが、完全に除去できるわけ
ではない。

A 360 実際には降水がなくても、大気層の気温や水蒸　○
気分布によって生じる電波の屈折率異常のほ
か、昆虫や鳥の群れなどによるエコーが観測さ
れることがある。これをエンゼルエコーという。

A 361 大気の屈折率の分布状態に応じて電波が曲げら　○
れ、通常の伝搬経路から大きく外れる現象を、
異常伝搬という。大気の屈折率は気温や湿度な
どで決まるので、気温が高度とともに急激に上
昇するなど、屈折率が鉛直方向に大きく変化す
る層では異常伝搬が発生しやすい。なお、異常
伝搬は非降水エコーの原因となる。

A 362 気象ドップラーレーダーで観測されるドップラー　✕
速度の解像度で、直径が数 10 〜数 100m の竜
巻を直接検出することはできない。しかし、気
象ドップラーレーダーで観測した風のデータか
ら、竜巻の発生と関連が深い直径数 km のメソ
サイクロンの存在を推定することは可能であり、
有効な予測手段の 1 つとして活用されている。

A 363 気象庁の気象ドップラーレーダーには、パルス　○
繰り返し周波数（PRF）と呼ばれる機能があり、
このうち、降水強度のみを観測できる低 PRF
の探知範囲は 400km で、ドップラー速度の観
測可能な中 PRF の探知範囲は 250km である。
このほか、強度と速度の両方を観測可能な高
PRF（探知範囲 150km）がある。

Q 364 ★★
気象庁では、水平方向と垂直方向に振動する電波を用いた二重偏波気象ドップラーレーダーを用いた観測を行っている。

Q 365 ★★★
【R4①改】
気象庁の二重偏波気象ドップラーレーダーによる降水の観測では、水平偏波と垂直偏波の反射波の位相の差から、雨の強さを推定することが可能である。

Q 366 ★★★
【R2②】
水平偏波と垂直偏波を用いる二重偏波気象レーダーでは、それぞれの反射波の振幅の比から降水粒子の形状に関する情報が得られるため、雨や雪の判別が可能となる。

Q 367 ★★★
解析雨量図は、気象レーダーの1時間積算雨量をアメダスの1時間降水量で補正して作成されている。

Q 368 ★★
気象庁のレーダーの観測結果を雨量計で補正して、降水ナウキャストにおける予測の初期値を作成している。

A 364 気象庁で用いられている二重偏波気象ドップラーレーダーは、水平方向と垂直方向の2種類の偏波（水平方向に振動する電波を水平偏波、垂直方向に振動する電波を垂直偏波という）を使用し、レーダービーム内の降水粒子の平均的な縦横の寸法差を測定することで、降水強度をより正確に推定するマルチパラメータードップラーレーダー（二重偏波（MP）ドップラーレーダー）である。　○

A 365 電波には、強い雨ほど水平偏波の伝搬速度が遅くなる性質がある。気象庁の二重偏波気象ドップラーレーダーは、この性質を利用して水平偏波と垂直偏波で観測した反射波の位相の差から、雨の強さを推定している。　○

A 366 二重偏波気象レーダーでは、大きさによって形の異なる降水粒子を水平偏波と垂直偏波で観測し、その反射波の振幅の比から降水粒子の形状に関する情報を得ることができるので、雲の中の降水粒子の雨や雪の判別が可能である。　○

A 367 気象レーダーには精度に問題があり、アメダスには面的に不連続であるという欠点がある。解析雨量図は、これらの欠点を補うために開発されたもので、1kmメッシュの降水量分布が30分ごとに作成されている。　○

A 368 降水ナウキャストは気象庁のレーダーの観測結果を雨量計で補正した値を予測の初期値としている。なお、高解像度降水ナウキャストでは、気象庁のレーダーのほか国土交通省レーダー雨量計や地上高層観測の結果などを用いて地上降水に近くなるように解析を行って予測の初期値を作成している。　○

4 気象衛星観測

 気象衛星ひまわりは、日本列島のみが鮮明に観測されるように、常に日本の上空約36,000kmに位置している静止衛星である。

 静止気象衛星ひまわり9号に搭載されているセンサーの水平距離分解能は、可視センサーのほうが赤外線センサーより良い。

 極軌道気象衛星（アメリカの"NOAA"）は、静止衛星に比べて低高度を南北に周回する軌道を持つ衛星なので、静止衛星に比べて画像の解像度は優れているが、同じ場所は1日に2回しか観測できない。

 静止気象衛星ひまわり9号で得られた輝度温度のデータは数値予報の客観解析に取り込まれ、上空の気温や水蒸気量の初期値として利用されている。

 可視画像は、地球で反射された太陽光をとらえたもので、厚みの薄い雲ほど白く表現される。

A 369 気象衛星ひまわり9号は、東経140度付近の ✕
赤道上空約 36,000km に位置する静止衛星（公
転周期が地球の自転周期とほぼ等しい）で、
10分ごとに静止衛星から見える範囲の地球全
体を観測している。

A 370 ひまわり9号の衛星直下の水平距離分解能（解 ◯
像度）は、可視画像では 0.5km ～ 1km、赤外
画像では 1km ～ 2km なので、解像度は可視セ
ンサーのほうが良い。なお、衛星の直下から高
緯度に行くほど解像度は低下する。

A 371 極軌道気象衛星（アメリカの "NOAA"）は、静 ◯
止衛星よりもはるかに低高度を周回しているの
で解像度は静止衛星よりも優れているが、周期
が12時間なので、同じ場所は1日に2回しか
観測できない。

A 372 ひまわり9号で得られた広範囲な中・上層の ◯
気温や水蒸気量のデータは、数値予報の客観解
析に取り込まれ、初期値として利用されている。

A 373 太陽の反射光をとらえた可視画像では、降水を ✕
伴うような発達した厚い雲は太陽光をよく反射
するので白く表現され、薄い雲は灰色に表現さ
れるので、視覚的に雲の厚みを判断しやすい画
像である。なお、太陽光の反射がない夜間の雲
は可視画像に写らない。

Q 374 可視画像において雲の表面がなめらかに見える場合、その雲は対流性の雲と判断できる。

 Q 375 赤外画像は、雲や大気などから放射される赤外線を観測したもので、雲頂高度が低く雲頂温度の高い雲ほど白く表現される。

 Q 376 赤外画像では、下層雲や霧は灰色や黒色に表現され、地表面や海面との区別が困難なため赤外画像で特定することは難しい。

 Q 377 水蒸気画像では、対流圏の上・中層に水蒸気が多いほど暗く（黒く）表示され、水蒸気が少ないほど明るく（白く）表示される。

 Q 378 水蒸気画像では、雲がなくても水蒸気をトレーサとして上・中層の大気の流れを可視化できるので、上・中層のトラフやリッジ、ジェット気流の位置を推定することができる。

A 374 可視画像において表面がなめらかに見える雲
は、層状性の雲と判断できる。対流性の雲の表
面は凹凸状に見える。　✕

A 375 赤外画像は、観測された放射エネルギーをほぼ
黒体放射であるとみなして輝度温度に変換した
温度分布を画像化したものである。下層の温度
の高い雲（赤外放射が強い）ほど黒く、上層の
温度の低い雲（赤外放射が弱い）ほど白く表現
される。　✕

A 376 雲頂高度の低い下層雲や霧は、地表面や海面と
ほとんど同じ温度で灰色や黒色に表現されるた
め、地表面や海面との区別が困難である。　○

A 377 水蒸気画像では、対流圏の上・中層に水蒸気が
多い場合は、温度の高い下層からの赤外放射は
水蒸気によって吸収されてしまうため、温度の
低い上・中層の水蒸気や雲の赤外放射によって
画像は明るく（白く）見える。逆に、上・中層
に水蒸気が少ない（乾燥している）場合には、
温度の高い下層からの赤外放射によって画像は
暗く（黒く）見える。水蒸気画像で周囲よりも
白い部分を明域、黒い部分を暗域という。　✕

A 378 水蒸気画像では雲がなくても水蒸気をトレーサ
（対象物の移動や変化などを追跡するための物
質）として、上・中層の大気の流れを可視化で
きる。これにより、水蒸気画像の明域や暗域の
パターンから上・中層のトラフやリッジ、ジェッ
ト気流の位置を推定することができる。また、
明域や暗域の時間変化からトラフの深まりなど
の時間変化を推定することもできる。　○

Q 379

【H25①改】

気象衛星の水蒸気画像で、暗域が時間とともにさらに暗さを増すことを暗化という。暗化域は、上層のトラフの深まりや、高気圧の強まりを示している。

 Q 380

赤外画像では暗灰色に表現され、可視画像では白色で蜂の巣状の穴の閉じた形状の雲は、寒冷な季節風が海上を吹走する際に気温と海面水温の差が比較的大きい場合に形成されるクローズドセルである。

 Q 381

低気圧の北側において、赤外画像では明白色に表現され、可視画像では灰色から暗灰色で雲域の北縁が高緯度側に大きく膨らんでいる雲域は、発達した低気圧の北側にみられるバルジ状の上・中層雲と考えられる。

 Q 382

可視画像や赤外画像で、ジェット気流の強風軸の高緯度側において、気流と平行方向にのびる帯状の巻雲は、シーラスストリークである。

 Q 383

可視画像や赤外画像で、ジェット気流の強風軸に沿って、気流の方向とほぼ直角にさざ波状に見える雲列は、トランスバースラインと呼ばれる巻雲である。

A 379 暗化域は上・中層の活発な下降流の場に対応しており、トラフの深まりや高気圧の強まりを表している。　○

A 380 クローズドセルは、比較的暖かい海上に寒気が流入し、気温と海面水温の差が比較的小さい場合にできる蜂の巣状の穴の閉じた形状の雲域で、赤外画像で暗灰色に表現される雲頂高度が低い層積雲で構成される。なお、気温と海面水温の差が比較的大きい場合は、蜂の巣状の穴の開いた形状の雲域であるオープンセルが形成される。　×

A 381 雲域の北縁が高緯度側（極側）に大きく膨らむ形状をバルジ状という。また、赤外画像では明白色、可視画像では灰色から暗灰色であることから、上・中層雲主体の雲域である。低気圧の発達に伴って下層の暖湿の気流が温暖前線面に沿って滑昇することで、温暖前線の北側にバルジ状の上・中層雲主体の雲域が形成される。　○

A 382 シーラスストリークは、ジェット気流の低緯度側（南側）において、ジェット気流と平行方向にのびる帯状の巻雲である。　×

A 383 トランスバースラインは、シーラスストリークと同様にジェット気流の強風軸の低緯度側に現れる巻雲である。この雲列が観測される領域では乱気流が発生していることが多い。　○

199

★★★
Q 384 3月のオホーツク海上において、赤外画像では周辺の領域との温度の違いを確認することができず、可視画像では表面ででこぼこした灰色から明灰色に見え、動きが非常に遅い場合は、海霧である可能性が高いと判断される。

★★
Q 385 南西諸島付近において、可視画像で毛筆状（もうひつじょう）あるいはにんじん状の形状を呈（てい）した雲域で明白色の凹凸（おうとつ）のある雲頂が見られ、赤外画像で白く輝いて見える雲域は、発達した積乱雲群であると考えられる。

★★★
Q 386
【R1②改】
気象衛星画像（可視、赤外）は、3月のある日の同じ時刻に観測されたものである。領域Bでは地形性の巻雲が発生しており、奥羽山脈の山頂付近の高度から対流圏上部まで、大気は安定した成層を成し、風向はほぼ一定であると考えられる。

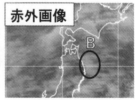

200

赤外画像で周辺の領域との温度の違いを確認す ✕
ることができないということは下層雲や霧であ
る可能性があるが、海霧の場合は可視画像の対
象領域全体にまんべんなく広がり表面が滑らか
な状態に見える。3月であること、オホーツク
海上であること、表面ででこぼこに見え動きが
非常に遅いことなどから、海氷である可能性が
高いと判断される。

 毛筆状あるいはにんじん状の発達した積乱雲群 ◯
をテーパリングクラウドという。積乱雲は雲の
層厚が厚く、雲頂高度が高い（雲頂温度の低い）
雲域なので、可視画像と赤外画像の両方で明白
色に見える。また、対流雲であることから可視
画像では、表面が凹凸状に見える。なお、テー
パリングクラウドは、低気圧の中心付近や南西
諸島付近などで対流不安定の成層状態の場合に
発生しやすい。

 赤外画像では白く表現されていて可視画像では ◯
明灰色で表面が滑らかなので、雲頂高度が高く
厚みの薄い上層雲と判断される。可視画像では
東西方向の走向を持つ雲域であること、複数の
線状の雲域が奥羽山脈の風下側の地形に沿って
南北に連なっていること、雲域の風上側の縁が
地形に沿っていることから、山脈の風下側に形
成された地形性の巻雲であると考えられる。地
形性の巻雲の発生条件は、山頂付近から対流圏
上部までほぼ安定な成層をしており、風向もほ
ぼ一定であることである。

気象衛星画像（可視、赤外、水蒸気）は、３月のある日の９時のものである。発達した低気圧が日本海北部と三陸沖にあって、それぞれ北東に進んでいる。日本海北部の低気圧の中心付近には中下層の雲渦がみられ、その北側にはバルジ状の厚い雲域がある。このような状況から、この低気圧はまだ閉塞していないと考えられる。

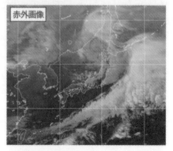

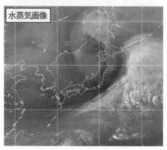

気象衛星画像の雲の形状などから、北緯46° **X** 東経138°付近に中心を持つ中下層の雲渦の存在が読み取れる。この雲渦が、①沿海州から東北にかけてのバルジを伴う雲頂高度の高い雲域の内側に位置していること、②雲渦は中下層雲で構成されていて、上層まで発達した雲域を含んでいないこと、③水蒸気画像において雲渦の南から南南西にのびる暗域（寒気が低気圧の中心に向かって回り込むように侵入して形成される、最盛期以降の低気圧にみられるドライスロットと呼ばれる領域）の存在が読み取れることから、この低気圧はすでに閉塞過程に入っていると判断される。

★ ★ ★

Q 388

【R2②改】

Q387 の気象衛星画像において、発達した三陸沖にある低気圧に伴う寒冷前線に対応する対流雲の雲列が、南または南西方向へ連なっているのが読み取れる。ただし、発達した三陸沖にある低気圧の中心は北緯 41°東経 146°付近にあるものとする。

A 388 Q387 の気象衛星画像で、北緯 41°東経 146° ○
付近にある三陸沖の低気圧の中心付近の雲域に
着目すると、低気圧の中心付近から南西方向に
のびる雲域が読み取れる。可視画像、赤外画像、
水蒸気画像のいずれの画像でも白く表現されて
いて、可視画像で表面の凹凸が読み取れること
から、寒冷前線に対応する雲頂高度が高く、厚
みのある積乱雲群が帯状に連なって伸びている
（対流雲の雲列）と判断される。

☀ Point 28　地上気象観測

まとめて 整理　観測の注意事項

気圧	海面更正して海面気圧で通報する。
気温の測定	地表面から 1.5 m で、白金抵抗温度センサーによる電気式温度計で行う。積雪時は雪面上 1.5 m で行う。
風向	風が吹いてくる方向（風上の方向）を 16 方位（16 が真北）、または 36 方位（36 が真北）で示す。通報は 36 方位で行う。
風速	観測時刻前 10 分間の平均値であり、kt（ノット）単位で通報する。 風速 1〔m/s〕≒ 2〔kt〕
瞬間風速	観測時刻 3 秒前から 0.25 秒間隔、12 個の測定値の平均値である。
日最大風速	10 分間の平均風速の最大値である。
降水量	雪やあられも含まれる。雪などは溶かして計量する。
全天日射	直達日射と散乱日射の和である。
アメダスの観測要素	降水量のみは約 17km 間隔で約 1,300 か所、このうち降水量に気温、風向・風速、湿度を含めた 4 要素は約 21km 間隔で 840 か所である。
天気	大気現象と雲に着目した総合的な状態である。国内式天気は 15 種類ある。

重点 CHECK　雲量表示の方法

雲量 (10分量)	なし	1以下	2〜3	4	5	6	7〜8	9〜10¯	10 (隙間 なし)	天空 不明	観測 しない
雲量 (8分量)	なし	1以下	2	3	4	5	6	7	8	同上	同上
N 天気	○	◐	◕	◑	◑	◑	◑	◑	●	⊗	⊖
	快晴		晴れ					曇り			

☀️Point 29　高層気象観測

まとめて整理　ゾンデ観測の注意事項

ゾンデの観測可能高度	高度約 30km までである。
高度の測定	気圧・気温・湿度から算出する。
気温	日射による補正が行われている。
湿度	－40℃以下では湿度の観測は行わない。 通報は湿数（＝気温－露点温度）で行う。
風向・風速	複数の GPS 衛星の電波を受信し、GPS ゾンデの移動によって生じる GPS 衛星信号の周波数偏移を利用して求める。

重要用語 🔍再確認

ウィンダス （WINDAS： 局地的気象監 視システム）	・ウィンドプロファイラによる高層風の観測網。 ・上空の風を高度 300m ごとに 10 分間隔で観測。 ・最大 12km 程度までの上空の風向・風速を観測。 ・空気中の水蒸気量が少ないと反射される電波が弱くなるので、観測可能な高度が低くなる。

☀️Point 30　気象レーダー観測

■ 気象レーダーの測定原理
　電波を発射し、反射される電波の強さから、降水強度を観測し、戻ってくるまでの時間から雨や雪までの距離を測定している。

■ 気象ドップラーレーダーの風の測定原理
　発射した電波と戻ってきた電波の周波数のずれ（ドップラー効果）を利用して、レーダーに近づく風の成分と遠ざかる風の成分を測定している。ドップラー効果は、降水粒子とレーダー間の距離の変化によって生じるので、測定できるのはレーダーと降水粒子を結ぶ方向（動径方向）の速度成分（ドップラー速度という）に限られる。

■ 二重偏波レーダーの測定原理
　水平方向と垂直方向の 2 種類の偏波を使用し、振幅の比から降水粒子の形、位相の差から雨の強さを推定している。

■ 気象ドップラーレーダーの動径速度

動径方向（レーダービームに沿った方向）の速度は、動径の方位角を θ、風速を V、風向を α（北を0度とした角度）とすると、

$$V \cos (\alpha - 180 - \theta)$$

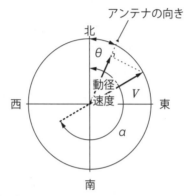

重要用語 再確認

メソサイクロン	竜巻の発生と関連が深い、直径数 km の大きさを持つ低気圧性の回転のこと。ドップラー速度の解像度で検出できる。
ブライトバンド	0℃層（融解層）付近で実際の降水よりも強く測定されるエコーのこと。

Point 31　気象衛星観測

まとめて整理　気象衛星

気象衛星ひまわり	東経140度付近の赤道上空、高度約 36,000km に地球に対して静止。高緯度では解像度が下がる。
極軌道気象衛星（NOAA）	静止衛星よりも低高度を南北に1日2周回。解像度は静止衛星より優れている。

重要用語 再確認

可視画像	雲や地表面に反射された太陽光を観測した画像で、視覚的にわかりやすい。厚い雲ほど太陽光をよく反射するので白く表現される。夜間は太陽光の反射がないため、可視画像に雲は写らない。
赤外画像	雲、地表面、大気からの赤外放射を測定し、それを輝度温度（黒体に相当すると仮定した場合の物体の放射温度）に変換して画像化したもの。昼夜を問わず観測可能。雲頂高度が高く雲頂温度の低い雲ほど白く表現される。下層雲や霧は地表面や海面と温度がほぼ同じで灰色や黒色に表現され区別が困難。
水蒸気画像	赤外画像の一種で、大気中にある水蒸気と雲からの赤外放射を観測した画像。雲がなくてもわずかな水蒸気からの放射を観測可能。対流圏上・中層に水蒸気が多いと白く（明域）、少ない（乾燥している）と黒く（暗域）表現される。暗域が時間とともに暗さを増す暗化域は、トラフの深まりや高気圧の強まりを表している。

重点 CHECK　衛星観測の留意点

■ 水蒸気の放射

衛星に達する赤外放射のほとんどが上・中層の水蒸気からの放射である。

再放射
吸収 上層大気（水蒸気）
再放射
吸収 中層大気（水蒸気）
再放射
吸収 下層大気（水蒸気）
地表

■ 赤外画像・可視画像の組み合わせによる雲の判別方法

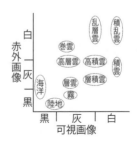

（縦軸）赤外画像　白 — 灰 — 黒
（横軸）可視画像　黒 — 灰 — 白

乱層雲、積乱雲、巻雲、高層雲、高積雲、積雲、海洋、層雲、層積雲、霧、陸地

第2章 数値予報

1 数値予報の考え方

Q 389 ★

数値予報は、過去の観測値と気象現象との関係の統計的資料に基づいて、将来の気象現象をコンピュータでシミュレーションする手法である。

Q 390 ★★★

数値予報では、大気中に3次元の格子を設定し、各格子点には、その格子点に最も近い観測地点における観測データを与え、これに方程式を当てはめて計算する。

Q 391 ★

数値予報モデルとは、大気の状態の変化を物理学の方程式に従って計算する手順を定めたものである。

Q 392 ★★

気象庁では地球全体をカバーする全球モデルによって数日先の大気の状態を予想している。

Q 393 ★★

気象庁のメソモデルは、全球モデルでは予測できないメソ気象現象を予測するための数値予報モデルである。

用語を正確に理解することで数値予報の一連の流れを把握しよう。数値予報プロダクトの内容を理解するために、一般知識編の関連項目を併せて確認するようにしよう。

A 389 数値予報は、現在までの観測を基に、運動方程 ✕
式や熱力学方程式、質量保存の式などの物理学
の方程式を用い、将来の気象状態（気圧・気温・
水蒸気・風などの予想値）をコンピュータで算
出し、それに基づいて予報する手法である。

A 390 格子点値は、不規則に分布する観測データを客 ✕
観的な方式で処理した格子点付近の空間の代表
値である。このように、観測データから格子点
値を推定する過程を客観解析という。

A 391 数値予報モデルは、気象状態の変化を求めるた O
めの計算プログラムのことである。大気の状態変化
を求める計算プログラムとしては、格子点値で表
現して計算する格子モデルや、関数の重ね合わせ
で表現して計算するスペクトルモデルがある。

A 392 日本の気象を予測するには欧州や低緯度地域な O
どの大気状態を知る必要があるので、水平格子
間隔 13km 相当、鉛直方向に 128 層の全球モ
デル（GSM）で地球全体の大気現象が予測さ
れている。

A 393 メソモデル（MSM）は、日本とその近海の大 O
気を対象とする気象庁の数値予報モデルで、水
平スケールが数 10km 程度以上のメソスケー
ル（中規模）現象の予測を目的としている。現
在の水平格子間隔（水平分解能）は 5km、鉛
直方向は 96 層である。

Q 394 気象庁の全球モデルは、高・低気圧、梅雨前線、台風など、水平スケールが 100km 以上の現象を予測し、週間天気予報などに利用されている。

 Q 395 気象庁のメソモデルは、全球モデルよりも水平解像度が高いとはいえ、集中豪雨を予測することはできない。

 Q 396 個々の積乱雲の振る舞いについては、格子間隔が 2km の局地モデルで精度良く表現することができる。

 Q 397
【R1①】
メソモデルでは、領域外の情報を得るために全球モデルの予測結果を使っているため、全球モデルに予測誤差がある場合、メソモデルの予測はその誤差の影響を受ける。

 Q 398 重力波ノイズは、風と気圧場がバランスしていないときに、予報計算の終盤に発生しやすいので、長時間の予報計算の安定性を損なうことはない。

Q 399 第一推定値（だいいちすいていち）は、数値予報モデルにおいて、初期時刻から最初の微小時間後の予測数値のことを指す。

A 394 ○ 全球モデルは、高・低気圧などの大規模現象を予測し、週間天気予報のほか、府県天気予報、台風予報などにも利用されている。

A 395 × メソモデルは、集中豪雨や局地的大雨などのメソスケールの現象を予測する防災気象情報として、利用されている。

A 396 × 局地モデル（LFM）の水平格子間隔（水平分解能）は 2km なので、水平規模が 10 数 km 程度以上の現象の予測が可能である。そのため、数 100m ～数 km の個々の積乱雲の振る舞い（発生・発達・衰弱など）については、局地モデルでも精度良く表現することはできない。

A 397 ○ 数値予報において予報精度の維持・向上のためには、複数の数値予報モデルとの間で整合性を持たせることが必要である。そのための手段として、より広い予報領域の予測値を側面境界値として利用しており、メソモデルでは全球モデルの予測結果を使っている。そのため、全球モデルに予測誤差があれば、メソモデルもその影響を受けることになる。

A 398 × 重力波は、周期が短くてやや大きい気圧変動を伴う局地性の波動である。重力波ノイズは予報計算の初期に発生しやすく、長時間に及ぶ予報計算の安定性を損ないやすい。

A 399 × 第一推定値は、観測データとともに客観解析に用いる格子点値であり、解析対象時刻より前の時刻を初期時刻として、数値予報で得られた現在時刻についての予測値である。このように、数値予報の出力値を第一推定値として客観解析するサイクルを予報解析サイクルという。

Q 400 ★★
局地モデルの予報結果が受ける局地モデルの予報領域の境界で取り込むメソモデルの予測の影響は、予報時間が短いほど大きく、長いほど小さくなる。

Q 401 ★★★
客観解析では、予報値と観測値のそれぞれに見込まれる誤差の大きさは考慮せず、格子点ごとに最適な値を求めている。

Q 402 ★★★
パラメタリゼーションとは、予報モデルの時間・空間分解能以下の小規模現象の効果を、格子点値を用いて表現することである。

Q 403 ★★
短波放射は、大気や地表面を加熱したり、雲によって散乱・吸収されたりするが、数値予報モデルではこれらの影響をパラメタリゼーションによって取り込んでいる。

Q 404 ★★
大気境界層内の乱流によって、熱、水蒸気が鉛直輸送されるほか、上層ほど水平風速が大きいので、風速差による運動量も鉛直輸送されている。数値予報モデルでは、このうち熱と水蒸気はパラメタリゼーションで取り込んでいるが、運動量は取り込んでいない。

Q 405 ★
数値予報モデルの格子間隔を狭めて水平解像度を高めると、地形や海陸の分布をより現実に近く表現できるので、地形性の降水現象などの予報精度は向上する。

A 400 局地モデルの計算領域内の物理量が予報領域の　✕
境界（側面境界）で取り込むメソモデルから受
ける影響は、予報時間が短いほど小さく、長い
ほど大きくなる。

A 401 第一推定値である数値予報モデルの予報値を観　✕
測データで修正し、大気の初期値を求める処理
を客観解析（データ同化）という。客観解析で
は、予報値と観測データのそれぞれに見込まれ
る誤差の大きさを考慮して、格子点ごとに最適
な値が求められている。

A 402 パラメタリゼーションとは、たとえば積雲対流　◯
のように格子間隔よりも小さい現象が格子点の
物理量に与える影響を、パラメータを用いて計
算し、それを格子点値に反映させることである。

A 403 数値予報モデルでは、短波放射（太陽放射）の　◯
影響を、放射過程としてパラメタリゼーション
によって取り込んでいる。

A 404 乱流は、空気の流れの中の3次元的な細かい時　✕
間的な変動である。大気境界層の中では、乱流
によって熱（顕熱）、水蒸気（潜熱）、運動量の
鉛直輸送が行われており、数値予報モデルでは
これらすべてをパラメタリゼーションで取り込
んでいる。

A 405 水平解像度が高くなると山脈などの地形をより　◯
現実に近く表現できるので、山脈の風上側斜面
で降る地形性の雨の予報精度も向上する。

学科・専門｜第2章　数値予報

215

Q 406 数値予報モデルにおける格子間隔、大気の流れの速さ、時間ステップの間には、「格子間隔／時間ステップ＜大気の流れの速さ」の関係を満たさなければならないという条件がある。

★★★
Q 407 気象庁の全球モデルでは、鉛直方向の運動方程式は、重力と鉛直方向の気圧傾度力が釣り合っていると仮定し、静力学平衡の式を用いている。

★★

Q 408 気象庁では、数時間先から1日先の大雨や暴風雨などの災害をもたらす現象の予報には、非静力学モデルであるメソモデルを使用し、週間天気予報にはプリミティブモデルである全球モデルを使用している。

★★★

Q 409 4次元変分法（へんぶんほう）による解析では、数値予報モデルを実行することで大気状態の時間変化を考慮するため、3次元変分法による解析に比べて計算量が多くなる。
【R4②】

★★★

Q 410 数値予報モデルで表現可能な大気現象の最小水平スケールは、格子間隔までである。

数値予報モデルでは、一定時間（時間ステップ ✕
ごとに大気の状態の計算を繰り返して将来の状
態を予測する。そして、安定な計算のためには
「格子間隔／時間ステップ＞大気の流れの速さ」
の関係を満たす必要があるとされている。この
条件を CFL 条件という。

 全球モデルでは、予報対象の現象の鉛直スケー ◯
ルは水平スケールよりもはるかに小さいので、
「鉛直方向の気圧傾度力＝重力加速度」と仮定
し、鉛直方向の運動方程式には静力学平衡（静
水圧平衡）の式を用いている。つまり、

$$0 = -\frac{1}{\rho} \cdot \frac{\Delta p}{\Delta z} - g$$

静力学平衡近似（静力学平衡の仮定）を用いた
数値予報モデルをプリミティブモデルという。

 メソモデルは、今日・明日の防災気象情報を予 ◯
報する非静力学モデルである。全球モデルは静
力学平衡を仮定したプリミティブモデルであ
り、週間天気予報のほか、台風予報などにも用
いられている。なお、台風予報には全球アンサ
ンブル予報モデルも用いている。

 3次元変分法は大気状態の時間変化を考慮せず ◯
立体空間の3次元において解析をするが、4次
元変分法は大気の状態を、立体空間の3次元
に時間を加えた4次元で捉えることで精度の
高い解析値を得ることが可能な手法である。そ
のため、4次元変分法による解析では3次元変
分法による解析に比べて計算量が多くなる。

 数値予報モデルで表現可能な最小スケールは、 ✕
格子間隔の5〜8倍である。

Q 411 極軌道気象衛星 NOAA で得られた気温や水蒸気の鉛直分布のデータは、全球モデルやメソモデルの客観解析で利用されている。

Q 412
【R1①】 全球モデルとメソモデルの降水予測結果が異なるとき、その要因は、水平格子間隔の違いによる地形性降水の違いや、データ同化に用いられる観測データの違いによるものであり、積雲対流過程などの物理過程の違いが要因となる割合は非常に小さい。

Q 413
【R2①】 台風周辺の初期値の精度向上のため、台風の中心気圧や強風半径の情報に基づいて推定された台風周辺の気圧や風の分布が、疑似的な観測データとして客観解析に利用されている。

Q 414 解析雨量図の格子間隔は 1km で、メソ数値予報モデルの格子間隔に比べて細かいので、客観解析には解析雨量データを利用することはできない。

Q 415 ラジオゾンデ観測による高層風の観測データは、観測点の高度や位置が観測するたびに異なるので、客観解析には利用されていない。

A 411 極軌道気象衛星 NOAA は、多波長の赤外放射 ◯
による観測を行っており、その結果から気温や
水蒸気量の鉛直分布を算出して通報している。
全球モデルでもメソモデルでもそのデータが客
観解析に利用されている。

A 412 全球モデルでは弱い降水を広めに予想する傾向 ✕
があるが、メソモデルでは地形や収束などの強制
力が強いときに強い降水を集中させる傾向がある
など、予測結果の特徴的な違いが現れることが
ある。これは、全球モデルとメソモデルでは異な
るモデルを用いており、各モデルの格子間隔や力
学過程の違いに加えて、積雲対流過程などの物
理過程が異なっていることが原因と考えられる。

A 413 海洋上で発生・発達する台風の中心付近では、 ◯
実際に観測した気圧や風などのデータは得られ
ない事が多いため、疑似的に作成した観測デー
タを客観解析に利用することで、初期値の台風
中心位置をより実況に近づけ、台風進路予測精
度を向上させている。この疑似的に作成した観
測データを台風ボーガスという。

A 414 解析雨量図の 1km 格子の雨量をメソ数値予報 ✕
モデルの 5km 格子に集約し、4 次元変分法に
よって客観解析に利用することが行われてい
る。

A 415 ラジオゾンデ観測による高層風の観測データ ✕
は、ウィンドプロファイラ観測や静止気象衛星
観測による風データと同様に、客観解析に利用
されている。

Q 416 ★ 台風ボーガスの作成には、衛星データなどから解析された台風速報解析の台風中心位置、中心気圧、強風半径などが利用されている。

 Q 417 ★★★ 数値予報モデルの格子点と観測点が一致する場合は、観測データを真の値と考え、これをそのまま解析値とする。

 Q 418 ★★ 観測データの少ない海洋上の解析値の精度は、予報解析サイクルを繰り返すことである程度改善できる。

 Q 419 ★★★ 観測データを第一推定値と比較し、その差があらかじめ定められた基準よりも大きい観測データは客観解析に用いられない。

 Q 420 ★★★ 4次元変分法では、飛行機や船舶などで行われている観測時刻が不規則なデータや、1時間降水量のように予報変数にない観測データを総合的に初期値の作成に精度良く取り込むことができる。

416 衛星データなどから解析された台風速報解析の
台風中心位置、中心気圧、強風半径などが、台
風ボーガスの作成に利用されている。 ◯

 417 解析値は、複数の格子点の第一推定値と複数の
観測点の観測値が最も適合するように決められ
るので、格子点と観測点が一致していても、観
測データをそのまま解析値とすることはない。 ✕

418 海洋上では、気温場などが風上からの移流に
よって大きく影響されるので、予報解析サイク
ルを繰り返すことで第一推定値の精度をある程
度改善できる。 ◯

419 誤差の大きな観測データが客観解析に用いら
れ、その地点の解析精度が大きく低下し、予報
精度が低下するのを防ぐために観測データを第
一推定値と比較してチェックしている。なお、
観測データの誤差には、観測機器による誤差、
人為的誤差、情報伝達上の誤差の3種類がある。 ◯

420 4次元変分法は、物理法則を利用して数値予報
の初期値を作成する客観解析の手法で、飛行機
や船舶などで行われている観測時刻が不規則な
データや、1時間降水量のように予報変数にな
い観測データを総合的に初期値の作成に精度良
く取り込むことができる。 ◯

Q 421 ★★★
【R2②】
客観解析に4次元変分法を導入したことにより、数値予報の初期時刻と異なる時刻に観測されたデータをより有効に利用できるようになった。

Q 422 ★★
【R4②】
全球解析、メソ解析及び局地解析に取り込まれる観測データには、同じ解析対象時刻・同じ領域で比べても、違いがある。その理由の一つは、各客観解析によって、解析対象時刻から計算処理を開始するまでの時間が異なることである。

421 4次元変分法は、大気の状態を立体空間と時 ○
間の4次元で捉えることができる。そのため、
初期時刻と異なる時刻（初期時刻とその前後）
に観測されたデータも含めて連続的に解析を行
い、解析した値が観測データに近づくように修
正して初期値を作成している。

 422 数値予報に必要な初期値は観測データで修正し ○
て作られ、観測データの数が多いほど解析精度
は向上する。しかし、観測データを多く取得す
るには多くの時間が必要なので、データ取得打
切時間は速報性重視の解析では短く、精度重視
の解析では長く設定されている。この時間が異
なることが、同じ解析対象時刻・同じ領域でも、
取り込まれる観測データに違いがある理由の1
つである。

Q 423 ★★
□□ 数値予報モデルの予報変数は、気圧、気温（温位）、相当温位、風向・風速、比湿の5つの気象要素である。

Q 424 ★★★
□□ 基礎方程式において、温位の時間変化は熱エネルギー保存則によって表される。

Q 425 ★★
【H24②改】 下記の式は、気象庁の全球モデルで用いられる、大気の水平風に関する基礎方程式である。

> 格子点における物理量の時間変化＝
>   移流による変化＋コリオリ力による変化＋
>   気圧傾度力による変化＋パラメタリゼーション項

移流による変化とは、ある時刻の物理量が空間的に変化しているときに、大気の移動によって格子点に現れる物理量の時間変化を表す。

Q 426 ★★
□□ 静力学平衡近似を用いた数値予報モデルでは、鉛直流は連続の式によって求めている。

Q 427 ★★
【H30②】 大気中における降雪の融解や降水の蒸発の効果は予測結果への影響が小さいことから、数値予報モデルでは計算されていない。

A 423 数値予報モデルの予報変数は、気圧、気温（温 ✕
位）、風向・風速、比湿の4要素である。相当
温位は気温、比湿から求める。

A 424 この方程式を熱力学方程式といい、次式で表さ ○
れる。

> 温位の時間変化＝移流効果
> ＋非断熱過程に伴う温位の変化

A 425 大気の水平風に関する基礎方程式（水平方向の ○
運動方程式）は、ニュートンの第二法則を水平
方向に適用したもので、移流の効果とコリオリ
力による効果と水平方向の気圧傾度力による効
果とパラメタリゼーションの1つである摩擦
力などの効果の和で表される。

A 426 静力学平衡近似では、鉛直流の時間変化が非常 ○
に小さく、鉛直方向の気圧傾度力は重力加速度
にほぼ等しいと仮定しているので、鉛直速度を
求めることはできない。そのために、鉛直流の
値は連続の式（質量保存則）の鉛直流の高度変
化の項から、各高度の収束・発散を利用して求
めている。

A 427 大気中における降雪の融解や降水の蒸発などが ✕
予測に与える影響は大きいため、数値予報モデ
ル（全球モデル）で計算されている。

★★★
Q 428 700hPa 付近の高度では、鉛直 p 速度は保存量と
みなすことができるので、メソスケールのじょう乱
の追跡に利用できる。

★★
Q 429 基礎方程式に含まれる移流の効果の大きさは、ある
時刻における物理量が空間的に変化しているとき
に、大気の運動による格子点の物理量の時間変化を
表している。

★
Q 430 基礎方程式の時間変化率を求める過程は、力学過程
と物理過程に分けられ、物理過程は力学過程以外の
外力、非断熱加熱、相変化に伴う加湿の効果を計算
する部分と、それらの計算に必要な大気以外とのや
りとりや内部的な変化を考慮する部分をあわせた部
分を指す。

★★★
Q 431 渦度の鉛直成分はじょう乱の追跡に有効な物理量で
あり、総観規模のじょう乱の追跡には 850hPa 面
が適している。

★★★
Q 432 700hPa 面の湿数の分布は、中・下層雲の広がりの
解析・予測などに用いられる。

★★★
Q 433 熱力学方程式の「非断熱過程に伴う温位の変化」の
項には、断熱圧縮による昇温が含まれている。

A 428 鉛直 p 速度はどの高度においても保存量（時　✕
間変化をせず常に同じ値をとる物理量）ではな
いので、現象の追跡に利用することはできない。

A 429 移流の効果の大きさは、空気の流れ(風)によっ　○
て移動している各物理量の格子点における時間
変化を表している。

A 430 基礎方程式の時間変化率を求める過程は、力学　○
過程と物理過程に分けられる。なお、力学過程
は、数値予報モデルの基礎方程式に含まれる移
流や気圧傾度力の時間変化率を求める部分と、
実際に時間積分を行うところをあわせた部分を
指す。

A 431 総観規模の水平発散がほぼ 0 となり渦度の鉛　✕
直成分がほぼ保存されるのは、対流圏中層の
500hPa 面である。そのため、総観規模のじょ
う乱（高・低気圧など）の追跡には、渦度の鉛
直成分がほぼ保存される 500hPa 面が適して
いる。

A 432 700hPa 面は高度約 3000m であり、700hPa　○
面の湿数の分布から予想される湿潤域の分布
は、中・下層雲の広がりの解析・予測に用いら
れる。

A 433 断熱圧縮では温位は変化しないので、気塊が移　✕
動することによる昇温はない。この項に含まれ
ているのは、太陽放射による加熱、赤外放射に
よる加熱・冷却、水蒸気の凝結で放出される潜
熱による加熱である。

Q 434 空気密度の時間変化は、集まった空気が上昇しても下降しても質量が保存される質量保存則によって表される。

 Q 435 水蒸気については、湿度の時間変化を移流効果と非断熱過程に伴う加湿の和で表している。

 Q 436 水蒸気の連続の式で考慮されている相変化による水蒸気の生成と消滅の項は、乾燥空気の連続の式の項にはない。

 Q 437 パラメタリゼーションは、格子スケールの物理量とサブグリッドスケールの現象との相互作用（コントロールとフィードバック）を表現したものである。

 Q 438 水平方向の運動方程式に含まれる拡散・摩擦の効果は、パラメタリゼーションによって取り込まれている。

A 434 空気密度の時間変化を表す方程式は質量保存則 ◯
または連続の式といわれ、次式で表される。

> 空気密度の時間変化＝移流効果
> 　　　　　　　　　　＋発散・収束による密度変化

A 435 水蒸気については、水蒸気が保存されることに ✕
より比湿の時間変化を次式で表現している。

> 比湿の時間変化＝移流効果
> 　　　　　　　　＋非断熱過程に伴う加湿

これを水蒸気の輸送方程式、または水蒸気の連
続の式という。「非断熱過程に伴う加湿」の項は、
相変化による水蒸気の生成・消滅を表している。

A 436 水蒸気の連続の式は、外部からの加湿がなけれ ◯
ば水蒸気は保存されることを表現したものなの
で、相変化による水蒸気の生成・消滅（非断熱
過程に伴う加湿）の項があるが、乾燥空気の連
続の式は、未飽和の空気について表現したもの
なので、水蒸気量の変化は考慮していない。

A 437 コントロールとは、格子スケールの場がサブグ ◯
リッドスケール（格子点以下の大きさ）の現象
を支配していること、フィードバックとは、サ
ブグリッドスケールの現象による格子スケール
の場への効果のこと。パラメタリゼーションは、
これらの相互作用を表現したものである。

A 438 水平方向の運動方程式に含まれる拡散・摩擦の ◯
効果は、ともにパラメタリゼーションによって
取り込まれている。なお、拡散は乱流によるも
ので、熱や運動量などが局地的な風と大気の鉛
直安定度によって分散・集中される効果である。
摩擦は、海陸の差や樹木や建物による局地的な
風の差を生む効果である。

学科・専門｜第2章　数値予報

4 アンサンブル予報

Q 439 アンサンブル予報は、初期値に含まれる微小な誤差が時間の経過とともに成長することを利用し、微小な誤差を含んだ多数の初期値によって数値予報を実行し、その結果を統計処理して予報精度を向上させる数値予報の手法である。

Q 440 アンサンブル予報で個々のメンバーの予報結果の差が大きいほど、現象の予報が困難であることがわかるので、このような場合は予報値として採用しない。

Q 441
【H24②】
アンサンブル予報の結果のスプレッドが大きい場合は、小さい場合に比べて予報の信頼度が低い。

Q 442 予報結果がある値の範囲をとる確率は、すべてのアンサンブルメンバーのうち予報値がその範囲に入るものの割合によって推定できる。

A 439 アンサンブル予報とは、解析値に人工的な誤差 ○
を加えた多数の初期値による多数の数値予報
（これをアンサンブルメンバーという）の予報
値を求め、それらを平均（これをアンサンブル
平均という）して、精度の高い予報を行う数値
予報の手法で
ある。

850hPa 気温偏差 東日本(135E-140E, 35N-37.5N)

A 440 アンサンブル予報では、個々のメンバーの予報結 ✕
果の差を利用して、予報誤差の程度を予測でき
るため、最も起こりやすい現象の確率も予報でき
る。つまり、予報値として採用できる。

A 441 スプレッドは、アンサンブル予報で求められた ○
個々のメンバーの平均値（アンサンブル平均）
に対して、個々のメンバーのバラツキの大きさ
を示す指標で、スプレットが大きい場合は誤差
が大きいことを示すので、予想された平均値の
信頼度が低いということである。したがって、
スプレッドが大きい場合は、予報の信頼度が低
い。

A 442 たとえば、全メンバーのうち20％が、「ある月 ○
の平均気温が平年よりも1℃高い」と予報した
場合、「平年よりも平均気温が1℃高くなる確
率は20％である」と推定できる。

Q 443 アンサンブル予報では、個々の数値予報の結果に含まれる系統的な誤差を減らすことができる。

 Q 444
【R4②】 アンサンブル予報におけるすべてのメンバーの予報を平均した予報結果では、各予報要素間の物理的な整合性は保障されていない。

 Q 445
【R1②】 アンサンブル予報におけるすべてのメンバーの予報を平均した予報結果は、個々のメンバーのどの予報結果よりも常に精度が良い。

 Q 446 1週間先までの天気予報は、全球モデルとともに、全球モデルと同じ水平解像度をもつ全球アンサンブル予報モデルも使用している。

 Q 447 季節アンサンブル予報システムでは、地球全体を予報領域としているが、大気と海洋とで水平解像度が異なっている。

A 443 個々のメンバーの数値予報は同一の手法で行わ　✕
れるので、系統的な誤差を減らすことはできな
い。

 A 444 アンサンブル平均は、全メンバーの予測を平均　◯
したもので、単に統計量であるため、数値予報
モデルの予報値のように物理的な整合性が保障
された値になっていない。

A 445 アンサンブル予報は、アンサンブルメンバーを　✕
平均して行う数値予報なので、個々のメンバー
の中には、すべてのメンバーの予報を平均した
予報結果よりも精度の良いメンバーや悪いメン
バーが存在する。つまり、すべてのメンバーの
予報を平均した予報結果より予報精度の良いメ
ンバーが存在する可能性は十分にある。ただし、
どのメンバーが良い予報であるかをあらかじめ
特定することができないため、アンサンブル平
均を採用している。

A 446 1 週間先までの天気予報には、どちらのモデル　✕
も使用している。また、全球アンサンブル予報
モデルは全球モデルと同様に地球全体を予報領
域としている。しかし、水平解像度は全球モデ
ルが約 13km なのに対して全球アンサンブル
予報モデルは、18 日先までは約 27km（18 〜
34 日先までは約 40km）である。

A 447 季節アンサンブル予報システム（季節 EPS）　◯
では、地球全体を予報領域としているが、大気
の水平解像度は約 55km、海洋の水平解像度は
約 25km と異なっている。

5 数値予報プロダクトの利用と予報誤差

Q 448 数値予報モデルの結果である未来の気象状態を予測した気圧、気温、風、湿度などの数値データを応用処理することで得られる資料を、プロダクト(応用プロダクト)という。

Q 449
【R3①改】数値予報モデルのプロダクト(ガイダンスに加工される前の格子点値をさす)として出力される地上における気温や風などの物理量は、実際の地形ではなく、モデル地形に対して算出される。

Q 450 数値予報プロダクトの渦度は鉛直成分で表され、北半球における渦度の鉛直成分は、低気圧性循環の場合に負の値となる。

Q 451
【H24①】数値予報プロダクトとして出力される物理量のうち、12 時間降水量は、予報時刻の 6 時間前から 6 時間後までの 12 時間の積算降水量を表している。

Q 452 数値予報プロダクトの天気図で表現される上昇流の大きさは、700hPa 面での鉛直 p 速度で表現されている。

A 448 数値予報モデルの結果は、未来の気象状態を予 ◯
測した気圧や気温、風、湿度などの数値データ
の集まりである。これらの数値データから、天気
予報などに利用しやすい情報を作成する処理が
応用処理で、応用処理によって得られる資料を
応用プロダクト（プロダクト）という。プロダク
トには、高層天気図、数値予報天気図、ガイダン
スなどの天気予報に直結する重要な資料がある。

A 449 数値予報プロダクトとして出力される地上にお ◯
ける気温や風などの物理量は、モデル地形に対
して出力されるので、モデル地形と実際の地形
とが異なることによる誤差が生じる。

A 450 渦度は、大気の流れの回転の方向と強さを表す ✕
物理量である。数値予報プロダクトの渦度は鉛
直成分で表され、北半球においては、渦度の回
転方向が反時計回りの低気圧性循環の場合に正
の値、時計回りの高気圧性循環の場合に負の値
となる。

A 451 数値予報プロダクトとして出力される物理量の ✕
12 時間降水量は、予報時刻の 12 時間前から
予報時刻までの前 12 時間の積算降水量を表し
ている。

A 452 数値予報プロダクトの天気図では、上昇流の値 ◯
を 700hPa 面での鉛直 p 速度の値で示してい
る。鉛直 p 速度は一般にこの高度付近で最大
値をとり、その値は 100hPa/h 以下、風速で
は約 0.3m/s 以下である。

Q 453 ★★
数値予報プロダクトの海面気圧は、数値予報モデルで求めた地表面気圧を海面更正した値である。

 Q 454 ★★★
【H20②】
予報プロダクトにおいてショワルターの安定指数（SSI）が負の場合、大気の成層状態は安定である。

 Q 455 ★★
水平解像度2kmの局地モデルでは、大雨などの局地的な現象を精度良く表現できるため、予測結果について、位置や時間のずれを考慮する必要はない。

 Q 456 ★★
【R3①】
数値予報モデルの初期値として利用される解析値の精度は、モデルの格子点の位置によらず、空間的に一様であるとみなしてよい。

A 453 数値予報モデルの地表面気圧は、格子点の高度 ○
の値なので、数値予報プロダクトの天気図にお
ける海面気圧は、海面更正して求めたものであ
る。なお、海面更正の方法については、p.171
の A312 を参照。

 A 454 ショワルターの安定指数（SSI）は、「850hPa ✕
にある空気塊を 500hPa まで断熱的に持ち上
げたときの、500hPa の周囲の気温と、持ち上
げられた空気塊の温度との差」と定義されてい
る。SSI が負の場合（周囲の気温よりも空気塊
の温度のほうが高い場合）は、空気塊はさらに
上昇を続けるので、大気の成層状態は不安定で
ある。

 A 455 水平解像度が 2km の局地モデルでは、約 ✕
10km 以上の積乱雲による大雨などの局地的な
現象をある程度表現することはできるが、現象
の規模が小さいため、位置や時間のずれが生じ
ることがある。したがって、利用の際には位置
のずれや時間のずれに考慮する必要がある。

 A 456 客観解析に用いる第一推定値や観測データに含 ✕
まれる誤差は空間的に一様ではない。また、観
測データの分布は不均一なので、解析値に含ま
れる誤差は一様ではない。そのため、客観解析
によって得られる各格子点における物理量であ
る解析値の精度を、空間的に一様であるとみな
すことはできない。

Q 457
【H26①】

異なる複数の初期条件から計算した数値予報の結果は、予報時間が短い間は差が大きいが、予報モデルが同じならば、予報時間が長くなるにしたがってほとんど差がなくなる。

Q 458

数値予報モデルの予測の誤差の成長の程度は、同じモデルであれば気象場によらず常に同程度となる。

Q 459
【H23②】

地形が原因となって生じる現象の予測が十分でない場合があるのは、予報モデルに組み込まれている地形データでは小さな山や谷が表現されていないからである。

Q 460
【H21②】

初期時刻における予報変数の真の値と計算に用いる初期値との差が初期誤差であり、一般に初期誤差が小さいほど数値予報結果の誤差が小さくなる。

Q 461

数値予報モデルの格子間隔が粗くなるほど、じょう乱の予報精度は低下する。

A 457 数値予報では、わずかに異なる２つの初期値　✕
から予報した２つの予報結果は、大気が持つ
カオス（混沌）と呼ばれる性質によって、時間
の経過とともに差が大きくなる。そのため、異
なる複数の初期値の予報値を平均して行うアン
サンブル予報における結果も、予報時間が長く
なるにしたがってバラツキ（差）が大きくなる。
したがって、予報モデルが同じであっても、異
なる複数の初期条件から計算した数値予報の結
果の差が、予報時間が長くなるにしたがってほ
とんどなくなるようなことはない。

 A 458 特定の領域における気象状況などを気象場とい　✕
う。数値予報モデルの予測の誤差の成長の程度
は、大気の状態によって大きく異なり、大気の
流れ、場所、時間などによって変動するので、
同じモデルであっても気象場が異なれば、常に
同程度とはならない。

 A 459 予報モデルの地形データは、モデルごとの格子　○
間隔にあわせた地形を採用している。天気は、
地形の影響を大きく受ける場合があるので、解
像度によっては、現象の予測が十分ではない場
合がある。解像度が粗く、地形が平滑化されて、
山や谷などの表現が不十分だと予報結果に誤差
が生じる。

A 460 数値予報では、時間の進行に伴って初期誤差が　○
拡大する割合は、一般に初期誤差が小さいほど
小さくなる。

A 461 数値予報モデルの格子間隔が粗くなると、格子　○
点予報値の誤差が大きくなるので、じょう乱の
予報精度は低下する。

Q 462 数値予報モデルで直接表現できない小規模の現象による効果は、パラメタリゼーションによって表現しているが、これは予測結果の誤差の原因にはならない。

 Q 463 数値予報の予報誤差は予報時間の経過とともに増大するので、現象の予報期間には限界がある。

 Q 464 水平スケールの大きな現象についての予報ほど、時間の経過とともに予報の有効性は早く失われる。

パラメタリゼーションは格子点上の物理量を用 ✕
いて近似的に表現しているので、誤差を生む原
因の1つである。

 予報誤差は、予報時間の経過とともに、初期誤 ◯
差だけでなくパラメタリゼーションや境界条件
（予報対象領域の側面境界の情報）の影響を大
きく受けるようになるので、予測可能期間には
限界がある。全球モデルの予報期間は11日間、
メソモデルでは78時間とされている。

 数値予報の誤差は時間とともに増大して有効性 ✕
が失われていくが、その有効性は予報対象の現
象の規模によって異なる。小規模な現象は変化
が早いうえに存在時間が短いので、予報の有効
性は早く失われる。一方、高気圧や低気圧のよ
うな大規模現象の有効性は2週間程度と長くな
る。

Point 32 数値予報の考え方

■ 数値予報の流れ

観測成果の収集 → 品質管理 → 客観解析 → 応用処理（データ同化） → 天気予報作業

数値予報モデル	物理法則に基づいて将来の状態を予測する数値予報の予測計算に用いるプログラムのこと。
品質管理	観測データに含まれる観測誤差や、格子点値を観測相当量に変換する際に生じる誤差（変換誤差）などを、客観解析の前に除去する処理。
第一推定値	数値予報によって得た格子点の予報値。
客観解析（データ同化）	第一推定値である数値予報モデルの予報値を観測データで修正し、大気の初期値を求める処理。
応用処理	数値予報モデルの結果である未来の気象状態を予測した気圧、気温、風、湿度などの数値データから天気予報などに利用しやすい資料（プロダクト）を作成する処理。

■ 数値予報モデルと現象の規模・寿命

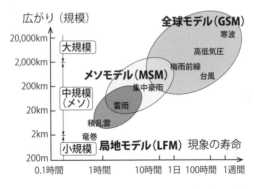

（気象庁提供）

■ 全球モデルとメソモデルと局地モデルの比較

	全球モデル	メソモデル	局地モデル
対象範囲	地球全体	日本周辺	日本周辺
水平解像度	約13km	5km	2km
鉛直層数	128層	96層	76層
予報期間	5.5日間、11日間	39時間、78時間	10時間
主な利用目的	台風予報、府県天気予報、週間天気予報など	防災気象情報、降水短時間予報、府県天気予報など	防災気象情報、降水短時間予報など

・予報モデルで表現可能な最小規模は、格子間隔の5～8倍。
・局地モデルでは、水平規模が10数km程度の現象が予測可能であるが、数100m～数kmの個々の積乱雲は表現できない。
・全球モデルは静力学モデル（プリミティブモデル）、メソモデルと局地モデルは非静力学モデルを採用している。

■ アンサンブル予報モデルの比較

	メソアンサンブル予報モデル	全球アンサンブル予報モデル	季節アンサンブル予報モデル
対象範囲	日本周辺	地球全体	地球全体
水平解像度	5km	18日先まで約27km～、34日先まで約40km	大気約55km、海洋約25km
鉛直層数	96層	128層	大気100層海洋60層
予報期間	39時間	5.5日間、11日間、18日間、34日間	7か月間
主な利用目的	防災気象情報、府県天気予報など	台風予報、週間天気予報、1か月予報など	3か月予報、暖・寒候期予報など

☀ Point 33 数値予報のデータ

・4次元変分法とは、立体空間の3次元に時間を加えた4次元で解析を行い、解析時刻の前後の観測値を有効利用できる手法。
・全球モデルの初期値を作成する全球解析の4次元変分法には、アンサンブル予報から見積もられる予報誤差を組み込んだハイブリッドデータ同化手法を用いている。

Point 34　数値予報モデルの物理過程と基礎方程式

 数値予報モデルの予報変数

気圧、気温（温位）、風向・風速、比湿の4要素である。

・水平方向の運動方程式（東西方向と南北方向の2つ）
　　　　水平方向の風の時間変化＝移流効果＋コリオリ力
　　　　　　　　　　　　　　　　＋水平方向の気圧傾度力
　　　　　　　　　　　　　　　　＋拡散摩擦力

・鉛直方向の運動方程式（静力学平衡近似）
　　　　鉛直方向の気圧傾度力＝重力加速度

・乾燥空気の連続の式（質量保存則）
　　　　空気密度の時間変化＝移流効果
　　　　　　　　　　　　　　＋発散・収束による密度変化

・熱力学方程式（熱エネルギー保存則）
　　　　温位の時間変化＝移流効果
　　　　　　　　　　　　＋非断熱過程に伴う温位の変化

・水蒸気の輸送方程式
　　　　比湿の時間変化＝移流効果＋非断熱過程に伴う加湿

・気体の状態方程式
　　　$p = \rho RT$

■ パラメタリゼーション
・パラメタリゼーションとは、格子間隔よりも水平スケールの
　小さい現象について、それらが格子点の物理量に与える影響
　を、物理過程を考慮して格子点に反映させる手法。
・パラメタリゼーションは、格子平均値といった限られた情報

のみを用いて格子間隔よりも小さいスケールの効果を取り入れなければならないという制約があるため、誤差を生む原因となっている。

・パラメタリゼーションの対象となる物理過程には、対流による凝結過程、地表面過程、乱流過程、雲の影響などがある。

☀ Point 35　アンサンブル予報

・アンサンブル予報とは、少しずつ異なる誤差（摂動）を与えた複数の初期値を用意して多数の予報を行い統計処理することで、精度を向上させる数値予報。

・アンサンブル予報の手法を用いる目的の1つは、格子を用いた近似式で予測計算を行う数値予報で生じる誤差の拡大を、事前に把握すること。

・スプレッドは、アンサンブル予報で求められた個々の予報結果（メンバー）の平均値（アンサンブル平均）に対して、各メンバーのバラツキの標準偏差から求める量。

・スプレッドを用いて、予報結果の信頼性を判断する。スプレッドと予報結果の信頼性は、「大きい＝信頼性が低い」、「小さい＝信頼性が高い」という関係にある。

☀ Point 36　数値予報プロダクトの利用と予報誤差

・数値予報プロダクトの渦度は鉛直成分で、上昇流や下降流は鉛直p速度で表され、上昇流は負の値、下降流は正の値となる。

・数値予報プロダクトとして出力される降水量は積算降水量で、海面気圧は、地表面気圧を海面更正した値である。

・予報誤差は、①真の値と初期値の誤差が大きいほど、②格子間隔が大きいほど、③気象現象の規模が小さいほど、④時間が経過するほど、大きくなる。

(1 天気図)

★
Q 465 気象庁では、1日に7回行っている観測データを基
に解析し、日本周辺の実況天気図を作成して発表し
ている。

★
Q 466 気象庁では、6時、12時の2回の観測データにつ
いては詳しい解析を行い、担当海域における警報事
項や、陸上、海上の観測データを英語や記号で付記
したアジア地上天気図として発表している。

★★
Q 467 地上予想天気図は、1日に2回、それぞれ24時間
後と48時間後を対象として作成される。
【H23①】

★★★
Q 468 天気図の記入方式には国内式と国際式があり、国内
式では観測地点を表す地点円の中に全雲量を記入す
るが、国際式では天気を記入する。

★★★
Q 469 国際式天気図において、気圧が「018」と記されて
いれば1018hPaを意味する。

低気圧や高気圧、前線の形成過程とそれぞれの性質を知ることが、予報の基本となる。各種天気図の読み方に習熟し、典型的な気圧配置を頭に入れておこう。

A 465 日本周辺の実況天気図（速報天気図ともいう）○
は、1日7回（3、6、9、12、15、18、21時）
の観測データに基づいて作成され、観測時刻から約2時間10分後に発表されている。

A 466 気象庁の実況天気図のうち、3、9、15、21　✕
時の観測データについては、気象庁の担当海域
（赤道〜北緯60度、東経100度〜東経180度）
の警報事項や観測データ（気温、露点温度、風向・
風速、雲形雲量）を英語や記号で付記し、アジ
ア地上天気図として発表している。

A 467 地上予想天気図はアジア地上天気図と同じ範囲　○
で、1日2回、24時間後と48時間後を対象
に作成される。

A 468 国内式（左図）では地点円内に天気を記入し、✕
国際式（右図）では全雲量を記入する。

〈国内式天気図〉　　　　　　　〈国際式天気図〉

A 469 国際式天気図では、気圧は1,000の位と100　✕
の位を省略し、10の位から小数点第一位まで
を記すので、「018」は1001.8hPaを意味する。

Q 470 国際式天気図の風向は、地点円を風上とし、風下側に風速記号で記入する。

Q 471 300hPa 天気図には、等高度線と等風速線が等値線で、等温線が数字列で記されており、ジェット気流の強風軸の解析に適している。

Q 472 地表面の直接的な影響を受けない大気下層を代表する 850hPa 面の天気図は、温度・水蒸気移流や大雨域の予想などに用いられる。

Q 473 500hPa 天気図に記されている湿数≦3℃の領域は、中層の雲の領域と対応しており、この等圧面の高層解析図には鉛直 p 速度（ω）が示されているので、低気圧の発達や降雨を予想するのに用いられる。

Q 474 700hPa 面は大気の平均構造を代表する層であり、700hPa 天気図は、上空の寒気の動向を把握するのに用いるほか、じょう乱の移動を解析する際にも利用する。

A 470 風向は、地点円を風下にし、風上（風が吹いて　✗
来る方向）に向かって線を引き出して表す。風
速は、次の記号を用いて表す。

短矢羽	長矢羽	旗矢羽
（〜5kt）	（〜10kt）	（〜50kt）

 A 471 300hPa天気図の特徴は、等温線が数字列で記　○
されていることである。等高度線（120m間
隔）が実線で、等風速線（20kt間隔）が破線で、
そして風向・風速が矢羽で記入されている。寒
帯前線ジェット気流、亜熱帯ジェット気流など
の解析に適している。

 A 472 850hPa天気図は、等高度線（60m間隔）と　○
等温線（3℃または6℃間隔）、風向・風速、気
温、湿数が記入され、湿数≦3℃の領域が網掛
けされている。850hPa面は大気下層を代表す
る層で、温度移流や前線、湿潤域の解析に用い
られ、大雨の領域の予想などに利用される。

 A 473 中層の雲の領域に対応している湿数≦3℃の領　✗
域が網掛けで示されているのは、700hPa天気
図と850hPa天気図である（この2つに記入さ
れる気象要素と等値線の種類と間隔は同じ）。
そして、鉛直p速度（ω）が示されているの
は700hPaの高層解析図のみである。

A 474 大気の平均構造を代表する層は500hPa面で　✗
ある。500hPa天気図は、上空の寒気の解析や
じょう乱の移動の解析に用いる。特にトラフの
状況を観察し、地上低気圧の発生・発達を判断
するのに使われる。また、500hPaの高層解析
図では、500hPaの渦度が解析され、トラフや
リッジ、ジェット気流の判断に用いられる。

2 高気圧・低気圧と天気

★★★
Q 475 日本の冬の天気を支配するシベリア高気圧は、500hPa 天気図では確認できない背の低い高気圧である。

★★★
Q 476 大陸の寒冷で乾燥した空気が日本海を吹き渡る際には、海水から水蒸気と潜熱の供給を受けて大気が不安定になる。

★★★
Q 477 大陸に寒冷な高気圧、太平洋に低気圧という西高東低の気圧配置の天気図で、日本付近の等圧線がほぼ南北に走っている場合は、日本海側で里雪が降ることが多い。

★★
Q 478 冬季に大陸から乾燥した北西の季節風が吹き出るときに衛星画像で見られる筋状の雲の大陸からの離岸距離（りがんきょり）は、大気下層の気温が低いほど短くなる。

A 475 ○
シベリア高気圧は下層が冷えて密度が大きいため、下層のみに形成される背の低い高気圧である。このような気温の低い高気圧を寒冷高気圧という。シベリア高気圧は、850hPa 天気図では確認できるが 700hPa 天気図では不明瞭になり、500hPa 天気図では確認できない。

A 476 ×
乾燥した寒冷な空気が日本海を吹き渡る際に、相対的に暖かい海水から水蒸気（潜熱）と顕熱の供給を受ける。これによって気団変質して大気が不安定になり、対流雲が発生して雪が降る。

A 477 ×
日本の冬に多い西高東低の気圧配置において、等圧線がほぼ南北に走って東西の気圧傾度が大きい場合は、日本海で発生した積雲が脊梁山脈を上昇して積乱雲に発達し、山雪を降らせる（下左図）。これに対して、等圧線が袋状にゆるんでいる場合には里雪になる（下右図）。

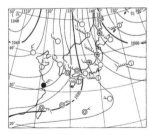 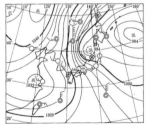

A 478 ○
冬季に北西からの季節風が強くなると、日本海に筋状の雲や蜂の巣状の雲が見られる。大陸の海岸から筋状の雲が発生する海域までの距離を離岸距離といい、その距離は大気下層の気温が低いほど短い。

Q 479
【R3②】
地上気温が 0℃以上であっても降雨ではなく降雪となることがある。この場合、降雨になるか降雪になるかは、地上付近の気温とともに湿度も影響し、気温が同じであれば湿度が低いほど雪になる可能性が高くなる。

Q 480
【R4①】
春や秋に日本付近を西から東に通過する移動性高気圧は、高気圧の中心の西側では上・中層雲が広がっていることがしばしばある。

Q 481
中・高緯度の上層のジェット気流が南北に大きく蛇行する場合には、地上では大規模な高気圧が停滞することがあり、この高気圧をブロッキング高気圧という。

Q 482
梅雨期の日本の天気を支配するオホーツク海高気圧は、上空に気圧の尾根やブロッキング高気圧が存在するときに発生しやすい停滞性の高気圧である。

Q 483
【H28①】
夏に日本付近に張り出してくる太平洋高気圧は、ハドレー循環の下降域である北太平洋の亜熱帯高圧帯に発生する。

A 479 降雪の途中で雪が昇華して水蒸気になるときに ○
熱（潜熱）が奪われる冷却効果などによって、
地上気温が 0℃以上であっても降雪となること
がある。気温が同じであれば、地上付近の湿度
が低いほど、昇華が促進されて昇華熱が奪われ
る冷却効果が大きく雪は溶けにくいので、雪に
なる可能性が高くなる。

 A 480 春や秋に日本付近を西から東に通過する移動性 ○
高気圧は、上層の気圧の尾根に対応しており、
気圧の尾根の前面にあたる高気圧の中心付近で
は下降流が卓越して晴天の領域が多くなる。し
かし、高気圧の中心の西側は、その後ろに続く
低気圧の前面にあたるので、高気圧の中心付近
が通過すると、次第に上昇流が卓越するように
なる。そのため、高気圧の中心の西側では上・
中層雲が広がっていることがしばしばある。

 A 481 中・高緯度の上層のジェット気流が南北に大き ○
く蛇行する場合には、地上では大規模な高気圧
が停滞することがある。この高気圧をブロッキ
ング高気圧という。

 A 482 オホーツク海高気圧は、上空に気圧の尾根やブ ○
ロッキング高気圧が存在するときに発生する背
の高い停滞性の高気圧であり、下層はオホーツ
ク海で冷やされて寒冷・湿潤になっている。

 A 483 夏に日本付近に張り出してくる太平洋高気圧 ○
は、ハドレー循環の下降域である亜熱帯高圧帯
に発生する背の高い高気圧で、中・上層は乾燥
している。なお、対流圏下・中層では周囲より
も暖かいが、上層は冷たくて密度が大きい。

★★★
Q 484
寒冷低気圧は、500hPa 〜 300hPa の偏西風が大きく蛇行することで偏西風帯の低緯度側にできた気圧の谷が寒気とともに切り離されてできる低気圧である。

 ★★★
Q 485
【R1②】
寒冷低気圧の中心付近では、対流圏界面が大きく下がり、その上では周囲に比べて気温が低くなっている。

 ★★★
Q 486
【R3②】
夏季に日本付近に進んでくる寒冷低気圧においては、東から南東象限の下層に暖かく湿った気塊が流入することが多く、そのようなときは大気の成層が不安定となり対流雲が組織的に発達するが、寒冷低気圧は一般に動きが速いため、成層が不安定な状態は半日程度で解消することが多い。

 ★★
Q 487
冬の日本海などで見られるポーラーロウは、寒気の中で発生するごく小さな低気圧でコンマ雲を伴い、寒冷低気圧と同様に悪天候をもたらす。

 ★★★
Q 488
発達期にある温帯低気圧の前面にあたる東側の領域では、下層に発散域、上層に収束域があり、西側では下層に収束域、上層に発散域がある。

A 484 寒冷低気圧は、寒冷渦とも切離低気圧ともいわ 〇
れ、対流圏中・上層の偏西風帯から切り離され
た低気圧である。中心部に寒気があり、等圧線
も等温線もほぼ円形である。

 A 485 右に示す寒冷低気圧 ✕
の鉛直断面図のよう
に、寒冷低気圧の中
心付近では、対流圏
界面が周囲に比べて
大きく下がり、対流
圏界面より上の成層
圏下部の気温は周囲
よりも高い（密度が
小さく気圧が低い）構造になっている。

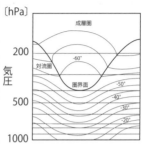

 A 486 低気圧に吹き込む風によって東から南東象限の ✕
下層は暖湿気が流入しやすい領域である。偏西
風帯から切り離されている寒冷低気圧は一般に
動きが遅く、停滞することもあるので、成層が
不安定な状態は数日にわたって継続することが
多い。

 A 487 ポーラーロウは、コンマ雲を伴う小さな低気圧 〇
（メソ低気圧）で、寒冷低気圧や寒冷前線の寒
気側など、上層に強い寒気があり、下層に暖湿
気流が流れ込むときに発生する寿命の短い低気
圧である。寒冷低気圧と同様に悪天候をもたら
すことがある。

 A 488 低気圧の東側では相対的に暖かい空気が上昇す ✕
るので下層は収束域となり、上層は発散域とな
る。西側では相対的に冷たい空気が下降するの
で下層は発散域となり、上層は収束域となる。

地上の低気圧の中心と上層の気圧の谷を結ぶ軸が、上層に向かって東側に傾いているほど、低気圧は発達する。

 冬型の気圧配置が弱まり始める2～3月に発生する南岸低気圧は、急速に発達して日本の太平洋側に大雪を降らせることがある。

 発達した低気圧が日本海にあると、日本列島では南西風が強くなって気温が上昇し、日本海側ではフェーン現象が現れる。

 本州をはさんで日本海低気圧と南岸低気圧が同時に存在して北東に進む気圧配置を、二つ玉低気圧型といい、秋に発生することが多く、全国的な秋晴れをもたらす。

A 489 地上の低気圧の中心と、上層の気圧の谷を結ぶ ✕
軸が西側に傾いていると低気圧は発達し、東側
に傾いてくると閉塞しはじめる。

A 490 日本の南西海上で発生し、日本の南岸を進んで ◯
東に抜ける低気圧を南岸低気圧という。南岸低
気圧は一年を通して見られるが、2〜3月に発
生する南岸低気圧は急速に発達して太平洋側に
大雪を降らせることがある。

A 491 日本海の低気圧が発達しながら北東に進んでい ◯
く気圧配置を日本海低気圧型という。この気圧
配置のとき、日本列島は低気圧の暖域に入るの
で強い南西風が吹き、日本海側ではしばしば
フェーン現象が生じ、湿度が下がって気温が上
昇するため、火災などの災害が発生しやすい。
なお、立春から春分の日の間の日本海低気圧は、
春一番の目安となっている。

A 492 二つ玉低気圧型の気圧配置（下図参照）は冬に ✕
多く、全国的に悪天になる。二つ玉低気圧が閉
塞前線を伴う場合は特に雨が多く、閉塞点付近
では突風、雷雨、竜巻が発生することが多い。

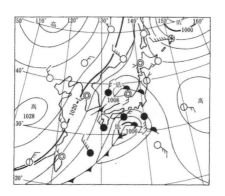

★★★
Q 493 性質が異なる気団の境界の寒気側の縁を前線面といい、前線面が地表面と接している部分を前線という。

★★★
Q 494 温暖前線が近づくと気温と湿度は高くなり、気圧は急速に高くなる。

★★★
Q 495 寒冷前線が近づくと気圧が下がりはじめるが、通過すると急上昇する。

★★
Q 496 日本海低気圧が東に進み、この低気圧から南西にのびる寒冷前線が通過するときには、突風やしゅう雨、雷、竜巻などを伴うことがある。

★★
Q 497
【R1①】
温暖前線面の傾きは寒冷前線面より緩やかで気塊がゆっくり上昇するので、温暖前線上とその直近では積乱雲は発生しない。

★★★
Q 498
【R4②】
寒冷前線がある地点を通過する場合、一般にその地点では、風向は時計回りに変化し、気温や露点温度は下降する。

A 493 性質が異なる気団の境界の暖気側の縁を前線面 ✕
といい、境目の層を転移層という。転移層が地
表面と交わる暖気側の縁を前線という。

A 494 温暖前線が近づくと気温と湿度は高くなるが、 ✕
気圧は低下する。

A 495 寒冷前線が近づくと気圧が下がりはじめ、通過す ○
ると気圧は急上昇する。なお、寒冷前線は、暖気
団よりも寒気団のほうが優勢で、寒気が暖気を
押し上げて進む前線である。地表付近の寒気は
摩擦のために速度が遅く、自由大気の寒気は速
く進むので、寒気の先端が盛り上がっている。

A 496 寒冷前線付近では対流雲が発生して悪天候とな ○
る。

A 497 温暖前線は、寒冷前線よりも前線面の傾きが緩 ✕
やかで、気塊（暖気）が上昇する速度は寒冷前
線よりもゆっくりであるため、一般的には乱層
雲など層状性の雲を伴うことが多い。しかし、
非常に暖湿な空気が温暖前線面に流れ込んでく
るような場合は、寒冷前線のように積乱雲が発
生する。

A 498 寒冷前線の前面にあたる暖域は南〜南西の暖気 ○
移流域、後面は西南西〜北西の寒気移流域なの
で、寒冷前線がある地点を通過する場合、一般
にその地点では風向は南〜南西から西南西〜北
西へと時計回りに変化して気温が下降し、気温
の低下に伴って露点温度も下降する。

Q 499 ★★

一般的に、西日本以西の梅雨前線は南北の温度傾度（いせい）が大きく、水蒸気量の傾度が小さい。

Q 500 ★★
【R3①】

梅雨前線上には、数百 km 程度の水平間隔で形成される低気圧が見られるが、この低気圧は上層ほど強い低気圧循環を持ち、しばしば激しい雷雨を引き起こす。

Q 501 ★★★

梅雨前線に伴う大雨が降る場合、下層ジェットと呼ばれる強風帯の存在が梅雨前線の南側によく確認される。

Q 502 ★★★

梅雨期を過ぎてオホーツク海高気圧が勢力を維持し続ける場合は、北日本の太平洋側では晴天の日が多く猛暑になりやすい。

Q 503 ★★★
【H29①】

梅雨期には、下層に暖湿な空気が流入し対流不安定の成層状態となっていることが多いため、気層全体が持ち上げられると積乱雲が発達しやすい。

A 499 西日本から中国大陸南部にかけての梅雨前線 ✕
は、温暖で湿潤な南西の季節風や太平洋高気圧
の縁辺から流入する海洋性気団と、温暖で乾燥
した大陸性気団との間に形成される前線であ
る。そのため、南北の温度傾度が小さく、水蒸
気量の傾度が大きい。

A 500 梅雨前線上には、数100km程度の間隔で低気 ✕
圧が並んで形成されることがある。これらの低
気圧はメソαスケールの小低気圧で、しばしば
大雨や激しい雷雨を引き起こすが、背が低く明
瞭な低気圧として解析されるのは下層付近に限
られる。

A 501 850～700hPa付近に出現する狭い領域に ◯
集中して吹く40ノット程度の強風帯を下層
ジェットという。下層ジェットは、下層で水蒸
気の輸送量を増加させるので大雨の原因であ
り、梅雨前線に伴う大雨が降る場合、前線の南
側に下層ジェットがよく確認される。

A 502 梅雨期を過ぎてオホーツク海高気圧が勢力を維 ✕
持し続ける場合は、高気圧の縁辺に沿って流入
する冷湿な北東気流が北日本の太平洋側に流入
するので、低温や日照不足の日が多く冷夏にな
りやすくなる。

A 503 飽和していないときには安定であるが、気層全体 ◯
が飽和するまで上昇した場合に不安定になる成層
を対流不安定の成層という。梅雨期には、下層に
暖湿な空気が流入することで、大気の状態が対流
不安定の状態になっていることが多く、気層全体
が持ち上げられると対流不安定が顕在化して対流
活動が活発化するので、積乱雲が発達しやすい。

4 台風

 Q504 ★★★
【H25①】
台風の大きさは、平均風速が 15m/s 以上の領域の半径によって分類される。

 Q505 ★
ハリケーンは、北大西洋、カリブ海、メキシコ湾および西経 180 度より東の北東太平洋に存在する熱帯低気圧のうち、中心付近の最大風速が 17m/s 以上のものをいう。

 Q506 ★★
【R1①】
台風の「上陸」とは、台風の中心が北海道、本州、四国、九州の四つの島の海岸に達した場合をいう。ただし、半島などを横切って短時間で再び海に出る場合やその他の島の海岸に達した場合は「通過」という。

 Q507 ★★
台風の勢力が衰え、台風としての構造を維持した状態で低気圧域内の最大風速が 17m/s 未満になった場合は、台風が温帯低気圧に変わったと判断される。

A 504 台風は、平均風速が 15m/s 以上の強風域の半 ○
径によって「大きさ」が、最大風速によって「強
さ」が階級分けされる。

大きさ			大型	超大型
15m/s 以上の強風域の半径〔km〕	500 未満		～800 未満	800 以上
強さ		強い	非常に強い	猛烈な
最大風速〔kt〕	～64 未満	～85 未満	～105 未満	105 以上
〔m/s〕	～33 未満	～44 未満	～54 未満	54 以上

 A 505 ハリケーンは北大西洋、カリブ海、メキシコ湾 ✕
および西経 180 度より東の北東太平洋に存在
する熱帯低気圧のうち、中心付近の最大風速が
33m/s 以上のものをいう。なお、ベンガル湾
やアラビア海などの北インド洋に存在する熱帯
低気圧のうち、最大風速が約 17m/s 以上になっ
たものをサイクロンという。

 A 506 気象庁では、台風の中心が北海道、本州、四国、 ○
九州の海岸に達した場合を「台風の上陸」、台
風の中心が小さい島や小さい半島を横切って短
時間で再び海上に出る場合を「台風の通過」と
している。

 A 507 台風の勢力が衰え、台風としての構造を維持し ✕
た状態で低気圧域内の最大風速が 17m/s 未満
になった場合は、熱帯低気圧に変わったと判断
される。台風が温帯低気圧に変わったと判断さ
れるのは、台風が北上して北から寒気の影響が
加わることで台風としての構造がくずれ、前線
などを伴う状態となった場合である。

学科・専門 | 第3章 短期予報・中期予報

Q 508 台風の暴風域は最大瞬間風速が 25m/s の領域である。

 Q 509 下層から低気圧性の回転（北半球では反時計回り）で台風の中心に向かって吹き込んだ空気は、上層で低気圧性の回転を維持したまま台風外に吹き出される。

 Q 510 台風の進行方向に向かって右側は、左側よりも風速が大きい。

 Q 511
【R1②】
台風に伴う風は一般に傾度風で近似でき、台風を取り巻く等圧線に沿った流れとなっているが、大気境界層内では地面摩擦の影響により中心に向かう流れが生ずる。

 Q 512
【R3②】
台風の発達期において、積乱雲が上昇流を維持し続けるためには、水平風の鉛直シアーが強い必要があることから、水平風の鉛直シアーが強いほど台風が発達しやすい。

 Q 513
【H24②】
台風の通過直後には、台風がもたらした暖かい空気により海水が暖められて、海面水温が一時的に上昇することが多い。

A 508 台風の暴風域は、10分間の平均風速で25m/s ✗
以上の風が吹いているか、吹く可能性のある範
囲である。そのため、暴風域外で瞬間風速が
25m/sを超えることがある。

A 509 下層（大気境界層内）において低気圧性の回転 ✗
で台風の中心部に吹き込んだ空気は、上層では
高気圧性の回転（北半球では時計回り）で台風
の外部に吹き出される。

A 510 台風の進行方向に向かって右側では、台風に吹 ◯
き込む反時計回りの風と台風を移動させる周り
の風の向きが同じになるので風は強くなるが、
左側では逆になるので弱くなる。

A 511 台風の風は、摩擦力の影響を受けない高度にお ◯
いては、気圧傾度力とコリオリ力と遠心力の3
つの力が釣り合って等圧線に平行に吹く傾度風
で近似される。しかし、大気境界層内では地面
摩擦の影響を受けるので、気圧の高い側から低
い側へ等圧線を横切るように吹く。

A 512 水平風の鉛直シアーは、台風の鉛直軸を傾斜さ ✗
せたり暖気核を崩壊させたりと台風を衰弱させ
る方向に働く。そのため、水平風の鉛直シアー
が弱い（小さい）ほうが台風は発達しやすい。
また、鉛直シアーが大きい場合は背の高い対流
が維持できないので、台風が発生しにくくなる。

A 513 強風によって海面からの蒸発が活発になって潜 ✗
熱を奪われることと、強風の影響で海面表層の
混合が生じ、下層の冷たい水が上昇してくるこ
とにより、海面水温は一時的に低下する。

Q 514 ★★★
最盛期の台風の中心付近の気温が周辺より高くなっているのは、対流圏下層から中層にかけてで、対流圏上層は周辺より低くなっている。

 Q 515 ★★★
【H24①改】
台風予報において、予報対象時刻の暴風警戒域の大きさが、その予報時刻における台風の暴風域の大きさと同じになることはない。

 Q 516 ★★★
【H24①】
台風情報において台風の中心が予報対象時刻に予報円の中に入る確率はおよそ80％である。

 Q 517 ★★★
台風が温帯低気圧に変わると、強い風の範囲が拡大し、低気圧の中心から離れた場所で大きな災害が起こることがある。

 Q 518 ★★★
台風に伴う高潮災害は、主に気圧降下による吸い上げ効果と満潮による潮位の上昇の2つによってもたらされる。

A 514 最盛期の台風の中心付近では、対流圏下層から上層にかけて周辺より気温が高い暖気核（ウォームコア）がみられる。暖気核は壁雲の中での水蒸気の潜熱の放出と眼の部分の下降気流による断熱昇温によって生じ、対流圏中層から上層にかけて明瞭にみられる。　✕

 A 515 暴風域は、平均風速で 25m/s 以上の風が吹いているか、吹く可能性のある範囲である。暴風警戒域は、台風の中心が予報円内に進んだときに、暴風域に入るおそれのある領域である。そのため、図のように、暴風警戒域の大きさは、予報円上に台風中心が進んだ場合において、暴風域の半径の分だけ外側に広い領域となり、予報対象時刻の暴風域と暴風警戒域の大きさを比較した場合は、暴風警戒域のほうが必ず大きくなる。　○

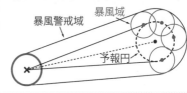

 A 516 予報円は、予報時刻に台風の中心が到達すると予想される範囲であり、台風の中心が予報円内に入る確率は 70％である。　✕

A 517 台風が温帯低気圧に変わると前線の影響で強い風の範囲が拡大し、低気圧の中心から離れた場所で大きな災害が起こったり、寒気の影響を受けて再発達して風が強くなり災害を起こすことがあるので、注意が必要である。　○

 A 518 台風に伴う高潮の原因には、吸い上げ効果、満潮による潮位の上昇のほかに、強風による吹き寄せ効果がある。　✕

5 予報の種類と予報区

Q 519 ★

「今日」の予報は5時、11時、17時の3回発表され、それぞれの予報対象期間は発表から24時間である。

Q 520 ★★

降水確率の予報は、短期予報では6時間単位の予報である。

Q 521 ★

今日の予報の最高・最低気温とは、発表時刻から今日の24時までの最高・最低気温のことである。

Q 522 ★

地域時系列予報では、府県予報区を地域ごとに細分した一次細分区域単位の3時間ごとの天気、風向・風速、気温が図形式表示で発表される。

Q 523 ★★

天気分布予報は、全国を5km四方に分けた地域ごとに、天気、気温、降水量、降雪量、最高気温・最低気温を、7日先まで予報するものである。

Q 524 ★★★

注意報・警報は一次細分区域ごとに行う。

Q 525 ★★
【H27①】
府県週間天気予報では、発表日の3日先から7日先までについては、信頼度をA、B、Cの3階級で発表している。

A 519 「今日」の予報は、発表時刻から当日の24時　✕
までなので、発表時刻によって予報対象の期間
は異なる。

A 520 短期予報での降水確率の予報は、発表時刻から　◯
6時間ごとの間に降水がある可能性を確率で予
報するものである。

A 521 最高気温は9～18時（日中）の最高値、最低　✕
気温は0～9時（朝方）の最低値の予報である。

A 522 地域時系列予報とは、府県予報区を地域ごとに　◯
細分した一次細分区域単位で、3時間ごとの天気、
風向・風速、気温を発表時刻の1時間後から明
日24時まで、図形式表示にしたものである。地
域時系列予報は、府県天気予報を基に作成され、
府県天気予報の発表に併せて発表される。

A 523 天気分布予報は、全国を5km四方に分けた地　✕
域ごとに、天気、気温、降水量、降雪量、最高
気温・最低気温を、発表時刻の1時間後から
明日24時まで予報するものである。毎日5時、
11時、17時に発表される。

A 524 注意報・警報は、市町村単位を原則とする二次　✕
細分区域ごとに行う。テレビなどで一斉に重要
な内容を簡潔かつ効果的に伝えるために「市町
村等をまとめた地域」で発表することもある。

A 525 府県週間天気予報では、発表日の3日先から　◯
7日先までについては、予報の信頼度をA、B、
Cの3階級で発表している。

Point 37　天気図

■ 天気図の種類

850hPa 天気図	850hPa面（高度約1〜2km）は大気下層を代表する層であり、前線・気団の解析に用いる。
700hPa 天気図	700hPa面（高度約3km）は大気中・下層に相当する層であり、地上の降水現象や中・下層雲の広がりを判断するのに使われる。
500hPa 天気図	500hPa面（高度約5〜6km）は大気の平均構造を代表する層であり、地上低気圧の発生・発達を判断するのに使われる。
300hPa 天気図	300hPa面（高度約9〜10km）は大気上層を代表する層であり、ジェット気流の解析に使われる。

■ 気象庁の天気種類表

天気	記号	説明	天気	記号	説明
快晴	○	雲量が1以下	高い地ふぶき	+	積もった雪が地上高く吹き上げられる現象
晴	①	雲量が2以上8以下	霧	≡	ごく小さな水滴が大気中に浮遊していることにより、水平視程が1km未満の状態
薄曇	⑪	雲量が9以上で、見かけ上、上層の雲が中・下層の雲より多く、降水現象がない状態	霧雨	●	霧雨が降っている状態
曇	◎	雲量が9以上で、見かけ上、中・下層の雲が上層の雲より多く、降水現象がない状態	雨	●	雨が降っている状態
			みぞれ	✳	みぞれが降っている状態
煙霧	∞	ごく小さな乾いた粒子が大気中に多数浮遊していることにより、水平視程が10km未満の状態	雪	✳	雪が降っている状態
			霰（あられ）	△	あられが降っている状態
			雹（ひょう）	▲	ひょうが降っている状態
砂じんあらし	⑀	砂じんあらしがある状態	雷	℞	観測時刻の前10分間に雷電、または雷鳴があった状態

■ 海上警報の種類

記号	和文	発表基準
FOG [W]	海上濃霧警報	視程約500m以下
[W]	海上風警報	最大風速28kt以上34kt未満
[GW]	海上強風警報	最大風速34kt以上48kt未満
[SW]	海上暴風警報	最大風速48kt以上
[TW]	海上台風警報	台風による風が最大風速64kt以上

☀ Point 38　高気圧・低気圧と天気

まとめて 整理　高気圧と低気圧

シベリア高気圧	下層が冷えて密度が大きくなる、背の低い高気圧で、寒冷高気圧の一種である。
移動性高気圧	春秋に日本付近を西から東に移動する。高気圧の東側は下降流域で天気がよく、西側は上昇流域で上・中層雲が広がり悪天になりやすい。
ブロッキング高気圧	中・高緯度のジェット気流が南北に大きく蛇行する場合に停滞する高気圧である。
オホーツク海高気圧	上空に気圧の尾根やブロッキング高気圧が存在するときに発生する。下層はオホーツク海で冷やされて寒冷・湿潤である。
太平洋高気圧	ハドレー循環の下降流域である亜熱帯高圧帯にできる背の高い高気圧である。
寒冷低気圧	寒冷渦または切離低気圧ともいう。この低気圧の中心付近では、対流圏界面の高度が大きく下がっている。地上付近の気温が高いと大気が不安定となり、悪天候をまねく。大きく下がっている対流圏界面より上の空気は、周囲の空気より気温が高いので密度が小さくて軽いが、気圧は、その地点よりも上空の空気の重さに等しいので、寒冷低気圧は対流圏の中・上層では周囲より気温が低いのに、周囲よりも気圧が低くなっている低気圧である。
ポーラーロウ	コンマ雲を伴う小さくて寿命の短い低気圧で、寒冷渦と同様に悪天候をまねく。
南岸低気圧	日本の南岸を進む低気圧。2〜3月に発生するものは急速に発達して太平洋側に大雪を降らせることがある。
日本海低気圧型	低気圧が発達しながら日本海を北東に進み、日本海側にフェーン現象をもたらす。
二つ玉低気圧	本州を日本海低気圧と南岸低気圧がはさむ気圧配置。冬に多く、全国的に悪天候になり、前線を伴うと閉塞点付近で、突風、雷雨、竜巻などが発生しやすい。

・冬季の日本海側では、西高東低の気圧配置で、等圧線が南北に平行に走っている場合は山雪となり、等圧線が袋状にゆるんでいる場合は里雪になる。
・地上の低気圧と上層の気圧の谷を結ぶ軸が西に傾いていると低気圧は発達し、東に傾き始めると閉塞する。

Point 39　前線と天気

前線の特徴
・温暖前線が近づくと気温と湿度が上がり、気圧は低下する。
・寒冷前線が近づくと気圧が下がりはじめ、通過すると気圧は急上昇し、気温、湿度は急低下する。

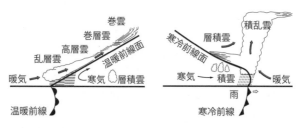

・梅雨前線の西部分は、南北の温度傾度が小さく、水蒸気量の傾度が大きい。
・梅雨前線の東部分は海洋性寒帯気団と海洋性熱帯気団の間に形成される停滞前線で、南北の温度傾度が大きい。

重要用語 （再）確認

転移層	密度（温度）の異なる寒気団と暖気団が接する層で、暖気側の縁を前線面という
前線	前線面（転移層の暖気側の縁）が地表面と接している部分をいう。

メソαスケールの小低気圧	梅雨前線上に数100km程度の間隔で並んで形成されることがある背の低い低気圧。明瞭な低気圧として解析されるのは下層付近に限られるが、大雨や激しい雷雨を引き起こす。
湿舌	梅雨前線の南側に熱帯から湿潤な空気が舌状に流れ込み、850hPa、700hPaの天気図では湿度の高い領域となる。
下層ジェット	大気下層（850～700hPa付近）に出現する、狭い領域に吹く強風域。対流活動により上下層の空気が混合されることで、上層の大きな運動量が下層に輸送されて形成される。

☀ Point 40　台風

■ 台風に関する用語の定義

大きさ	風速15m/s以上の強風域の半径が500km以上800km未満は大型、800km以上は超大型と表現する。
強さ	最大風速によって決まる。
暴風域	10分間の平均風速が25m/s以上の風が吹いているか、吹く可能性のある範囲。
吸い上げ効果	台風による気圧の低下で海水面が上昇する効果。1hPa下がるごとに海水面が約1cm上昇する。
予報円	台風の中心が予報円に入る確率は70%である。

☀ Point 41　予報の種類と予報区

■ 予報に関する用語の定義

降水確率の予報	1mm以上の降水がある確率の予報（対象時間は、短期予報は6時間、週間予報は24時間）。
今日の最高気温	9～18時（日中）の最高値である。
今日の最低気温	0～9時（朝方）の最低値である。
地域時系列予報	一次細分区域単位で、3時間ごとの天気、風向・風速、気温を予報。
注意報・警報	二次細分区域（市町村単位）ごとに行う。

第4章 長期予報

1 長期予報の種類

Q 526 ★
気象庁が発表する季節予報には、2週間気温予報、1か月予報、3か月予報、暖候期予報、寒候期予報などがある。

Q 527 ★★★
季節予報では、平年からのずれを予報するために、予報対象期間の天候を2つの階級に区分して予報している。

Q 528 ★★★
「低い（少ない）」「平年並」「高い（多い）」の3階級は、平年値を算出するときに用いる30年間のデータから、各階級の出現率が等分（各33％）となるように決められており、これを気候的出現率という。

Q 529 ★★
1か月予報は、向こう1か月の平均気温、合計降水量、合計日照時間を予測する数値で発表される。

Q 530 ★★
1か月予報、3か月予報、暖候期予報、寒候期予報のいずれにもアンサンブル予報が用いられているが、このうちの暖候期予報、寒候期予報にのみ大気海洋結合モデルが用いられている。

A 526 なお、2週間気温予報の対象期間における顕著な天候に対して注意を呼び掛ける情報として早期天候情報がある。 ○

 A 527 季節予報では、予報対象期間の天候を「低い（少ない）」「平年並」「高い（多い）」の3つの階級に区分している。 ✕

A 528 たとえば平均気温の各階級は、30 年間のデータを低いほうから順に並べ、低いほうの 10 年の範囲を「低い」、中間の 10 年の範囲を「平年並」、高いほうの 10 年の範囲を「高い」に分類することで、各階級の出現率をそれぞれ33%の気候的出現率としている。 ○

 A 529 1か月予報では、週別（1週目、2週目、3・4週目）の平均気温と、向こう1か月の平均気温、合計降水量、合計日照時間を、平年値と比べ、「低い（少ない）」「平年並」「高い（多い）」の3階級に分け、各階級が出現する可能性が確率で示されている。 ✕

 A 530 いずれの予報にもアンサンブル予報が用いられているが、大気海洋結合モデルは、時間スケールが長いために海面水温や陸面状態の下部境界条件が予報結果に与える影響が大きくなる3か月予報、暖候期予報、寒候期予報に用いられている。 ✕

★★
Q 531 長期予報では、超長波や偏西風帯の変動、あるいは
亜熱帯高気圧の動向などとともに、これらよりもス
ケールの小さい温帯低気圧や移動性高気圧の動向に
も注目する。

★★★
Q 532 東西指数とは、偏西風が南北に蛇行しているか、東
西の流れが卓越しているかを示す指数であり、季節
予報では北緯60度帯と北緯40度帯の500hPaの
高度差から算出している。

★★
Q 533 暖候期に東西指数が低い場合には、太平洋高気圧が
弱いか、あるいはオホーツク海高気圧が強くなり、
晴天の日が続くと予想される。

★★★
Q 534 寒候期に東西指数が低い場合には、寒気が南下しや
すく、冬型の気圧配置が強まる。

★★
Q 535 月平均500hPa高度・平年偏差図の正偏差域では、
平年に比べて気温が低くなり、負偏差域では平年に
比べて気温が高くなる。

A 531 長期予報では、温帯低気圧や移動性高気圧など ✕
の現象を取り除き、スケールの大きいプラネタ
リー波（超長波）や偏西風帯の変動、亜熱帯高
気圧の動向などに注目するために、5 日以上の
期間で平均した天気図を用いることが多い。

A 532 東西指数（ゾーナルインデックス）は、偏西 〇
風の状態を、北緯 60 度帯と北緯 40 度帯の
500hPa の高度差で表す指数であり、高度差が
大きくて東西の流れが卓越している場合を高指
数、高度差が小さくて南北に蛇行している場合
を低指数という。

A 533 暖候期の低指数は、太平洋高気圧が弱いか、あ ✕
るいはオホーツク海高気圧が強まることを示
し、北日本を中心に不順な天候になりやすい。

A 534 寒候期の低指数は、寒気が南下して冬型の気圧 〇
配置が強まることを示し、日本海側では雪の日
が多く、太平洋側では晴れの日が多くなる。

A 535 月平均 500hPa 高度・平年偏差図は、平年値 ✕
からの差を表示した天気図で、平年値を上回
る領域を正偏差域、下回る領域を負偏差域と
いう。500hPa 高度は層厚の式から、地上気圧
の平年値の空間変動を無視できれば、近似的に
500hPa までの空気柱の温度に比例するので、
正偏差域では平年よりも気温が高くなり、負偏
差域では平年よりも気温が低くなる。負偏差域
では平年に比べて気圧の谷が発達して寒気が入
ることなどが原因である。

Q 536 月平均500hPa高度・平年偏差図において、日本の西に気圧の谷がある場合、冬季の日本には冷たい北西の風が吹き込み、冬型の気圧配置が強まる。

 Q 537 月平均500hPa高度・平年偏差図において、高緯度側に負偏差域、低緯度側に正偏差域が位置する場合は、偏西風の蛇行が大きいことが多い。

 Q 538 1月の北半球月平均500hPa高度・平年偏差図において、ヨーロッパから極東域（ユーラシア大陸上の北緯30°帯）にかけて正偏差域と負偏差域が交互に並ぶ波列状のパターンの場合、日本付近では全国的に気温が高くなる傾向がある。

 Q 539 右図の冬季の月平均500hPa高度・平年偏差図を解析すると、日本付近はシベリアから持続的に寒気が流れ込み、寒い冬になりやすい。

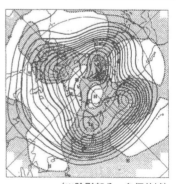

（※陰影部分：負偏差域）

A 536 日本の西に気圧の谷、つまり顕著な負偏差域が ✕
ある場合を西谷型といい、日本には温暖湿潤な
南西風が入り、曇りや雨の日が多くなる。冬型
の気圧配置が強まるのは東谷型の場合である。

A 537 偏西風の南北蛇行が大きいのは、高緯度側に正 ✕
偏差域、低緯度側に負偏差域が位置している場
合であり、このとき、南北間での熱交換は活発
である。

A 538 ユーラシア大陸上の北緯 30° 帯において正偏差 ✕
域と負偏差域が交互に並ぶ波列状のパターンを
ユーラシアパターンという。ユーラシアパター
ンは冬にしばしば現れるテレコネクションパ
ターンの 1 つで、東経 90° 付近のリッジが強
まる傾向がある。そのため、日本付近では北西
風による強い寒気が流れ込みやすく、全国的に
気温が低くなる傾向がある。

A 539 ヨーロッパに負偏差域、東経 90 度付近に正偏 ◯
差域、極東域に負偏差域があって超長波スケー
ルの偏差パターンが卓越している。また、日本
付近は高度場の谷となっており、シベリアから
の寒気が流れ込むので寒い冬となる。

夏季のチベット高気圧の動向を把握するためには、北半球月平均100hPa高度・平年偏差図等を用いる。チベット高気圧が日本を覆うほど勢力を強めると、東北地方の太平洋側ではヤマセ（下層の北東気流）の影響で地上気温が低下し、冷害などが発生することが多い。

A 540 チベット高気圧は背の高い高気圧なので、 **✕**
100hPa天気図で顕著に現れる。また、チベッ
ト高気圧が日本付近まで張り出すと、太平洋高
気圧との相乗効果によって、日本は下層から上
層まで非常に勢力が強く安定した高気圧で覆わ
れることになる。そのため、夏季にチベット高
気圧が日本を覆うほど勢力を強めると、全国的
に猛暑となる。

重要 ポイント まとめて Check

☀ Point 42　長期予報の種類

長期予報は法規上は季節予報といい、気象庁が定期的に発表する季節予報には次の種類がある。

種類	内容
2週間気温予報	週間天気予報より先の2週目の気温の目安として、10日先を中心とした5日間平均気温（8～12日先の5日間平均）について、平年と比べて高い・低いなどの階級
1か月予報	1か月平均気温、第1週・第2週・第3～4週平均気温、1か月合計降水量、1か月合計日照時間、1か月合計降雪量（注1）
3か月予報	3か月平均気温、3か月合計降水量、月ごとの平均気温、月ごとの合計降水量、3か月合計降雪量（注1）
暖候期予報	夏の平均気温、夏の合計降水量、梅雨時期（6月～7月、沖縄・奄美は5月～6月）の合計降水量
寒候期予報	冬の平均気温、冬の合計降水量、合計降雪量（注1）
早期天候情報	6日後から14日後までの間の5日間平均気温が「かなり高い」、「かなり低い」、5日間降雪量（注1）が「かなり多い」となる確率が30％以上と見込まれる場合に発表

（注1：冬季の日本海側の地域のみ）

・気候的出現率とは、「低い（少ない）」、「平年並」、「高い（多い）」の3つの階級の等しい出現率（それぞれ33％）のこと。

・季節予報にはアンサンブル予報が用いられているが、1か月先までの予報には大気モデルが、1か月を超える予報では大気海洋結合モデルが用いられている。

■ 季節予報の表示法（1か月予報の例）

＜平均気温の経過＞

1週目	10	30	60
2週目	40	40	20
3～4週目	30	40	30

＜向こう1か月の気温、降水量、日照時間＞

気　温	20	40	40
降水量	30	40	30
日照時間	30	40	30

凡例：

■ 低い（少ない）
□ 平年並
■ 高い（多い）

Point 43 東西指数と平年偏差

まとめて整理 東西指数（ゾーナルインデックス）

北緯60度帯と北緯40度帯の500hPaの高度差によって偏西風の流れを示す指数である。

高指数	高度差が大きい場合で、平年よりも西風が強い西風型になる。寒気が南下しない。
低指数	高度差が小さい場合で、偏西風が南北に蛇行する南北流型（蛇行流型）になる。日本付近では気圧の谷が深まり、寒気が南下しやすい。
暖候期の低指数	オホーツク海高気圧が強いか太平洋高気圧が弱いケースで天候不順になる。
寒候期の低指数	寒気が南下して冬型の気圧配置が強まる。

まとめて整理 平年偏差

特定の期間（5日、7日、1か月、3か月など）の実況値や予報値の平均値と、平年平均値との差である。これを図にしたものが平年偏差図であり、500hPa高度・平年偏差がよく用いられる。

正偏差域	平年よりも高度が高く、気温が高くなる領域。
負偏差域	平年よりも高度が低く、気温が低くなる領域。
西谷型	日本の西に気圧の谷（500hPa高度の平年偏差が負の偏差域）がある場合で、暖湿な南西風が吹き込み、曇りや雨になりやすい。
東谷型	日本の東に気圧の谷がある場合で、冷たい北西風が吹き込んで好天になりやすいが、冬季は冬型の気圧配置が強まる。

1 局地風

風の弱い晴れた日の昼間には、陸上と海上との間に生じる気温差によって、海から陸に向かう風が吹く。

海風の風向は、コリオリ力の影響を受けて海岸線に直角な方向から次第にずれていく。

山地の風下側で局地的に風が強まるおろしは、大気の成層状態が不安定なときに発生する。

フェーンと同じように山地の風下側に吹き降りてくるおろしは、風下側で断熱昇温しないことでフェーンと区別される。

【H26②】
夜間、山の斜面が放射冷却などによって冷えると山風となって麓に流れ出す。山の斜面で冷やされた空気のうち、その斜面における温度が麓の平地の空気の温度より低いものは、そのまま麓の平地まで下りてきて冷気湖を形成する。

局地予報の基礎となる局地的な気象現象の時間的・空間的スケールとともに、それが生じる気象状態やメカニズム、地形条件も把握しておこう。

A 541　海陸風は、陸上と海上の気温差で生じる気圧傾　○
度によって生じる局地風である。昼間は海から
陸へ吹き（海風）、夜間は陸から海へ向かって
吹く（陸風）。なお、一般に海風のほうが陸風
よりも風速が大きい。

A 542　海風は、海岸線から約 10 〜 100km ほど陸地　○
に侵入するように吹く規模の大きい風であるた
め、コリオリ力の影響を受けて風向が海岸線に
直角な方向から次第にずれていく。

A 543　おろしは、ボラや山脈にあたった気流によって　×
生じた山岳波が、風下側の山麓に強風となって
吹き降りる現象である。ボラや山岳波は大気の
成層状態が安定なときに発生する。

A 544　おろしもフェーンと同様に、斜面を吹き降りる　×
ときには断熱昇温によって気温が上昇する。し
かし、おろしはもともと低温なので、断熱昇温
しても斜面の下の気温まで上がらない。

A 545　夜間に、山の斜面が放射冷却などによって冷え　×
ると重い空気は山の斜面を下降流（山風）となっ
て吹き降り、山麓に達した後平地を吹走して拡
散していく。冷気が麓の平地まで斜面を吹き降
りる際、断熱昇温で冷気の気温は上昇する。

Q 546 ★★★
【R4②】
中部山岳地帯の谷や盆地では、谷風循環の補償流としての下降気流によって断熱昇温が起こるため、平野部に比べて気圧低下量が大きい。

Q 547 ★
竜巻の発生確認時の気象条件としては、前線、寒気や暖気の移流などによる大気の状態が不安定な場合が多い。

Q 548 ★★★
【H24②】
竜巻のろうと雲は、竜巻の渦の中心付近に吹き込んだ空気塊が気圧低下に伴う断熱膨張により水蒸気の凝結を起こすことによって形成される。

Q 549 ★★
竜巻がスーパーセル型ストームに伴って起きる場合には、フックエコー付近で発生することが多い。

Q 550 ★★★
ガストフロントは局地的な寒冷前線に似た構造であり、これが通過するときは、風向が急変し、風速が増し、気温が低下し、気圧が上昇する。

A 546 日中に山の斜面が日射で加熱されて同じ高度の ◯ 周囲の空気より高温になることで、山の斜面に沿って谷から山頂へ向かう谷風が吹く。この谷風の補償流として中部山岳地帯の谷や盆地では下降気流による断熱昇温が起こるので、平野部より地表付近の気温の上昇量が大きくなる。気温上昇量が大きいほど空気密度が小さくなり気圧低下量は大きくなるので、補償流としての下降気流が生じる中部山岳地帯の谷や盆地は、平野部に比べて気圧低下量が大きい。

 A 547 竜巻の発生確認時の気象条件としては、前線、 ◯ 寒気や暖気の移流などによる大気の状態が不安定な場合が多く、全体の約60%を占めている。次いで、低気圧や台風・熱帯低気圧となっている。

 A 548 竜巻は積乱雲に伴う上昇流によって発生する激 ◯ しい渦巻である。竜巻の中心付近は周囲に比べて数10hPaも気圧が低いため、竜巻の中心に吹き込んだ空気は急速に断熱膨張して温度が下がる。これによって水蒸気が凝結して形成されるのがろうと雲である。

 A 549 竜巻は、寒冷前線に伴うスーパーセル型ストー ◯ ム（巨大雷雨）のフックエコー付近や、スコールライン付近に発生することが多い。

 A 550 ガストフロントは成熟期や衰退期にある積乱雲 ◯ の下の空気が冷やされて局地的な雷雨性高気圧が形成され、そこから流れ出る冷気が周囲の暖かい空気と衝突してできる突風前線である。そのため、ガストフロントが通過すると、普通の寒冷前線通過時と同様の気象変化が観測される。

Q 551 ★★★ 竜巻による被害域は、数10kmに達したこともあるが、おおむね幅数10～数100mで長さ数kmの範囲に集中している一方で、積乱雲直下からのガストフロントの到達距離はしばしば数10km程度に達する。

 Q 552 ★★★ ダウンバーストとは、積雲や積乱雲からの強い下降流が、地面に衝突して周囲に吹き出す突風であり、しばしば強雨やひょうを伴う。被害域は竜巻と同じく帯状または線状となる。

 Q 553 ★★ 【R1②】 日本において、発達した積乱雲がもたらす竜巻やダウンバースト、ガストフロントは、いずれも沿岸部で多く発生する傾向がある。

 Q 554 ★★ ダウンバーストの乾いた下降気流は、気象ドップラーレーダーによって観測することができる。

 Q 555 ★★ 【H28②】 ガストフロントは雲を伴わないため、静止気象衛星で観測することはできない。

A 551 竜巻による被害域は、数10kmに達したことも ○
あるが、おおむね幅数10〜数100mで長さ数
kmの範囲に集中している。一方で、ガストフ
ロントの水平の広がりは竜巻より大きく、積乱
雲直下からの到達距離はしばしば数10km程度
である。

A 552 ダウンバーストは、大気の不安定度が強いとき ✕
に、成熟期の対流雲（積乱雲）からの強い下降
流が地上に達して周囲に吹き出す突風で、強雨
やひょうを伴うことがある。その被害域は、円
または楕円となることが多い。

A 553 竜巻、ダウンバースト、ガストフロントなどの ✕
激しい突風は、北海道から沖縄にかけて広く確
認されているが、沿岸部で多く確認される傾向
があるのは竜巻のみである。

A 554 ダウンバーストには、激しい降雨を伴った湿った ✕
ダウンバーストと、地上での降雨を伴わない乾
いたダウンバーストがある。ドップラーレー
ダーは降水粒子に当たって反射してくる電波
を受信して降水粒子の3次元的な動きを観測
するものなので、降雨を伴わない乾いたダウン
バーストは観測できない。

A 555 ガストフロントは積乱雲の下に滞留した冷気が ✕
吹き出し、周囲の暖気との間に形成される突風
前線で、冷気と暖気の境界に対流雲が発生す
る。この対流雲は静止気象衛星で円弧状に観測
され、アーク雲という。

重要 ポイント まとめて Check

Point 44 局地風

まとめて 整理 さまざまな局地風

■ 海陸風の立体構造

　海陸風は、陸上と海面の気温差で生じる気圧傾度によって吹く局地風である。昼間は、日射で海面より高温となった陸上の空気密度のほうが小さくなるので、地上付近の気圧は陸上のほうが低くなり、気圧が高い海から陸へ向かう流れが生じる。夜間は、陸上では放射冷却により地上付近の気温は陸上のほうが大きく低下するので、地上付近の気圧は陸上のほうが高くなり、気圧が高い陸から海へ向かう流れが生じる。

　昼間の海風のほうが水平規模・鉛直規模が大きく、陸風よりも海風、冬よりも夏のほうが強く吹く。

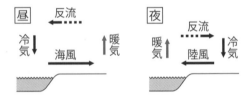

■ フェーンの発生過程

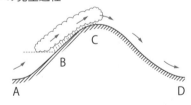

区間	気温の状態
A－B	乾燥断熱減率（約10℃/km）で気温が低下する。
B－C	湿潤断熱減率（約5℃/km）で気温が低下する（雲が発生し、Cに到達前に雨となりすべて降ると仮定）。
C－D	乾燥断熱減率（約10℃/km）で気温が上昇する。

290

■ ボラ

盆地に寒気が溜まり（下左図）、やがてあふれ、山を越えて流れ出る（下右図）。

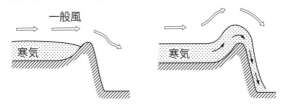

■ 山岳波

山を越える気流が山頂付近や山の風下側で上下方向に振動する流れである。断熱冷却して山を越え、ある程度下降すると断熱昇温で周囲の空気より軽くなって再び上昇する。上昇流の部分で凝結が起こり、笠雲や吊り雲（レンズ雲やロール雲）ができる（下図参照）。地形に固有なボラや山岳波をおろしという。

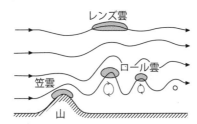

重要用語 再確認

竜巻	積乱雲に伴う強い上昇気流により発生する激しい渦巻。多くの場合、ろうと状または柱状の雲を伴う。被害域は、幅数10～数100mで長さ数kmの範囲に集中している。
ガストフロント（突風前線）	積乱雲の下の空気が冷やされて形成されたメソ高気圧から流れ出る冷気が、周囲の暖かい空気と衝突してできる前線。
ダウンバースト	対流雲からの強い下降流が地面に衝突して周囲に吹き出す突風。

1 降水短時間予報

Q 556 ★★★
降水短時間予報では、降水量の初期値として、全国のアメダスの観測結果を用いている。

Q 557 ★★
降水短時間予報は1時間ごと、速報版降水短時間予報は30分ごとに、6時間先までの1時間降水量を1km四方で作成している。

Q 558 ★★★
降水短時間予報に用いられている補外法は、初期値の状態がその後も継続すると仮定した予測法なので、予報時間がのびるにつれて予測精度は低下する。

Q 559 ★★
実況補外予測では、初期値にはなく、予報期間内に発生・発達する降水域を予測することはできないが、降水短時間予報全体では、新たな降水を予測できる。

Q 560 ★★
降水短時間予報では、地形による降水の増減を表現することができない。

Q 561 ★★
気象レーダー観測では地形エコーはコンピュータで自動的に除去されるので、地形エコーによる誤った解析雨量が算出されることはない。

降水短時間予報の予報値が算出されるまでの流れをイメージできるようにするとともに、その特徴も把握しておこう。また、ナウキャストも含めて分布図形式の予報に慣れておこう。

A 556 ▣▣▣ 降水量の初期値は、解析雨量である。解析雨量 ✕
は、気象レーダーで観測されたデータと、アメダスなど地上の雨量計のデータを組み合わせて、1時間の降水量分布を1km四方の細かさで解析したものである。

A 557 ▣▣▣ 降水短時間予報は30分ごと、速報版降水短時間予報は10分ごとに、1km四方の1時間降水量を分布図形式で6時間先まで作成している。

A 558 ▣▣▣ 補外法の予測精度は時間とともに低下する。こ ◯
れを補うために、数値予報モデルによる降水予報を加え、予報期間後半の精度の低下をおさえている。

A 559 ▣▣▣ 実況補外予測では、初期値にない新たな降水域を ◯
予測することはできないが、数値予報モデルによって新たな降水を予測できるので、降水短時間予報全体としては、新たな降水を予測できる。

A 560 ▣▣▣ 降水短時間予報では地形データを取り込んでい ✕
るので、山岳などの地形による降水量の増減を表現できる。

A 561 ▣▣▣ レーダー観測の地形エコー（グランドエコー） ✕
はコンピュータで自動的に除去されているが、完全に除去されるわけではないので、地形エコーに起因する誤った解析雨量が算出されることがある。

Q 562
【R2②】
降水短時間予報の6時間先までの予測では、解析雨量により得られた降水分布の移動に基づいて降水を予測しており、降水の強弱の変化は計算していない。

 Q 563
【H28①】
実況補外予測で予測される強い降水域と数値予測で予測される強い降水域の位置がずれている場合、両者の予測を、重みを付けて足し合わせるため、降水の強さが弱められる傾向がある。

 Q 564
降水短時間予報の7時間先から15時間先までの予測では、1時間降水量を5km四方の細かさで予報し、1時間間隔で発表される。

 Q 565
降水短時間予報の7時間先から15時間先までの予測では、数値予報モデルのうち、メソモデルと局地モデルを統計的に処理した結果を組み合わせ、降水量分布を作成している。

 Q 566
1時間に20～30mmの強い降雨の予測精度は、1時間に3mm未満の弱い降雨の予測精度よりも優れている。

A 562 降水短時間予報の予測の計算では、降水域の単 ✕
純な移動だけではなく、地形の効果や直前の降
水の変化を基に、今後雨が強まったり、弱まっ
たりすることを考慮して予報精度を高める処理
を行っている。

 A 563 実況補外予測で予測される強い降水域と、数値 〇
予測（数値予報モデルのメソモデルと局地モデ
ルの予測降水量を重み付きで足し合わせたブレ
ンド降水量）で予測される強い降水域は、2つ
の重みの合計が1なので、強い降水域の位置
がずれている場合、それぞれの予測降水の大き
さよりも強められることはなく、弱められて降
水域が広がる傾向にある。

 A 564 降水短時間予報は、6時間先までと7時間先か 〇
ら15時間先までとで発表間隔や予測手法が異
なる。7時間先から15時間先までの降水短時
間予報は、1時間降水量を5km四方の細かさ
で予報し、1時間間隔で発表される。

 A 565 降水短時間予報の7時間先から15時間先まで 〇
の予測では、数値予報モデルのうち、メソモデ
ル（MSM）と局地モデル（LFM）を統計的に
処理した結果を、予報開始時間におけるそれぞ
れの数値予報資料の予測精度も考慮した上で組
み合わせて降水量分布を作成している。

 A 566 強い降雨ほど局地性が強く、発達と衰弱も早い ✕
ので、強い降雨の予測精度は、弱い降雨の予測
精度に比べて低い。

2 ナウキャスト

Q 567 ★★ 降水ナウキャストは、5分間の降水強度と5分間の降水量を5分ごとに、1km四方の細かさで1時間先まで予報したものである。

Q 568 ★★★ 高解像度降水ナウキャストは、5分間の降水強度と5分間の降水量の分布を5分ごとに、1km四方の細かさで1時間先まで予報したものである。

Q 569 ★★★ 高解像度降水ナウキャストは、降水域の発達・衰弱は予測するが、発生は予測していない。
【R2②】

Q 570 ★★ 竜巻発生確度ナウキャストの発生確度1と2の違いは、竜巻などの激しい突風が発生する可能性の程度の違いを表現したものであり、発生するまでの時間的な切迫度を示したものではない。
【H26①】

Q 571 ★★ 雷ナウキャストでは、雷が発生する可能性と雷の激しさについて、分布図形式で10分ごとに1時間先まで予報している。

A 567 降水ナウキャストは、5分間の降水強度を5分 ✗
ごとに、10分間の降水量を10分ごとに、分布
図形式で1km四方の細かさで1時間先まで予報
したものである。気象庁のレーダーの観測結果を
雨量計で補正した値を予測の初期値としている。

A 568 高解像度降水ナウキャストは、5分間の降水強 ✗
度と5分間の降水量の分布を5分ごとに、30
分先までは250m四方の細かさで、35分から
60分先までは1km四方の細かさで予報したも
のである。気象庁のレーダーのほか国土交通省
レーダー雨量計を利用し、雨量計や地上高層観
測の結果等を用いて地上降水に近くなるように
解析を行い予測の初期値を作成している。

A 569 高解像度降水ナウキャストでは、積乱雲や降水 ✗
域の発生予測を行っている。地表付近の風、気温、
及び水蒸気量から積乱雲の発生を推定する手法
と、微弱なレーダーエコーの位置と動きを検出し、
微弱なエコーが交差するときに積乱雲の発生を
予測する手法を用いて、発生位置を推定し、対
流予測モデルを使って降水量を予測している。

A 570 竜巻発生確度ナウキャストは、竜巻やダウン ○
バーストなどの激しい突風が発生する可能性を
2階級で判定するもので、階級の違いは発生ま
での時間的切迫度を示すものではない。

A 571 雷ナウキャストは、1km四方で、雷発生の可 ○
能性と激しさを活動度1～4（数字が大きいほ
ど活発）に分けて分布図形式で1時間先まで
予報し、10分ごとに更新している。

Point 45　降水短時間予報

　降水短時間予報は、6時間先までと7時間先から15時間先までとで発表間隔や予測手法などが異なる。

種類		内容	解像度	頻度
6時間先まで	速報版降水短時間予報	1時間降水量	1km	10分ごと
	降水短時間予報			30分ごと
7時間先から15時間先まで	降水短時間予報		5km	1時間ごと

■ 6時間先までの降水短時間予報の予測手法
・解析雨量により1時間降水量分布が得られる→この降水量分布を利用して降水域を追跡すると、それぞれの場所の降水域の移動速度が分かる→この移動速度を使って直前の降水分布を移動させて、6時間先までの降水量分布を作成する。
・解析雨量は降水短時間予報の、速報版解析雨量は速報版降水短時間予報の予測処理において、初期値の作成や雨域の移動に関する情報を求めるために利用される。
・解析雨量と速報版解析雨量は、気象レーダーの観測データに加え、全国の雨量計のデータを組み合わせて、1時間の降水量分布を1km四方の細かさで解析したもので、解析雨量は30分ごと、速報版解析雨量は10分ごとに作成される。
・予測の計算では、降水域の単純な移動だけではなく、地形の効果や直前の降水の変化を基に、今後雨が強まったり、弱まったりすることも考慮している。
・予報時間がのびるにつれて、降水域の位置や強さのずれが大きくなるので、予報時間の後半には数値予報による降水予測の結果を加味している。

■ 7時間先から15時間先までの降水短時間予報の予測手法
・数値予報モデルのうち、メソモデル（MSM）と局地モデル（LFM）を統計的に処理した結果を予報開始時間におけるそれぞれの数値予報資料の予測精度も考慮した上で組み合わせ、降水量分布を作成する。

■ 降水短時間予報の短所

・6時間先までの降水短時間予報の作成には気象レーダーによる観測を用いており、レーダー観測の原理上、実際には降水のないところに降水域が表示される場合がある。

・局地的な大雨については現在の技術水準では予測が困難なため、前もって予測ができないまま突如として局地的な大雨の予測が出現する場合もある。

☀ Point 46　ナウキャスト

■ 降水ナウキャスト

種類	内容	頻度	予報時間	解像度
降水ナウキャスト	5分間の降水強度	5分ごと	1時間先まで	1km
	10分間の降水量	10分ごと		
高解像度降水ナウキャスト	5分間の・降水強度・降水量	5分ごと	30分先まで	250m
			35分から60分先まで	1km

■ 竜巻発生確度ナウキャスト

　竜巻やダウンバーストなど激しい突風の発生する可能性を、気象ドップラーレーダーの観測と数値予報を組み合わせて発生確度1及び2として表したもの。10km四方で解析した結果を分布図で表示し、1時間後までの移動予報と合わせて10分ごとに更新。階級の違いは発生までの時間的切迫度を示すものではない。

■ 雷ナウキャスト

　雷の活動度を1〜4（数字が大きいほど活発）で表したもの。1km四方で解析した結果を分布図で表示し、1時間後までの移動予報と合わせて10分ごとに更新。

第7章 気象災害

1 気象情報

Q 572 ★★
気象庁は、警報や注意報に先立って注意を喚起するため、あるいはそれらが発表された後の経過や予想、防災上の注意を解説するために、気象情報を発表することがある。

Q 573 ★★
気象情報は、地方予報区を対象とした地方気象情報と、府県予報区を対象とした府県気象情報の2種類である。

Q 574 ★★
府県天気予報は、府県予報区単位で発表される。

Q 575 ★★
気象庁が発表する危険度分布（キキクル）には、大雨警報（土砂災害）の危険度分布、大雨警報（浸水害）の危険度分布、洪水警報の危険度分布がある。

Q 576 ★★
危険度分布（キキクル）では、災害発生の危険度の高まりを「災害切迫」「危険」「警戒」「注意」「今後の情報等に留意」の5段階で表示しており、「災害切迫」の色分けは紫で、警戒レベル5に相当する。

A 572　気象情報には、このような予告的な役割や補完　○
的な役割のほか、少雨、長雨、低温などの社会
的に影響の大きな天候の解説や、記録的な大雨
に対してより一層の警戒を呼び掛ける役割があ
る。

A 573　地方予報区（北海道・東北・北陸・関東甲信・　×
東海・近畿・中国・四国・山口県を含む九州北
部・九州南部と奄美・沖縄の11区）向けの地
方気象情報と府県予報区（各都府県と、北海道
および沖縄県を地域ごとに細分した予報区）向
けの府県気象情報のほかに、全国を対象とする
全般気象情報の合計3種類がある。

A 574　府県天気予報は、府県予報区を地域ごとに細分　×
した一次細分区域単位で発表される。

A 575　危険度分布（キキクル）は、雨によって引き起こ　○
される災害発生の危険度の高まりを5段階に色
分けされた地図上で確認できる情報で、大雨警
報（土砂災害）の危険度分布、大雨警報（浸水害）
の危険度分布、洪水警報の危険度分布がある。

A 576　危険度分布（キキクル）では、「災害切迫（黒　×
で警戒レベル5相当）」「危険（紫で警戒レベ
ル4相当）」「警戒（赤で警戒レベル3相当）」
「注意（黄で警戒レベル2相当）」「今後の情報
等に留意（色なしなど）」の5段階に色分けし
て表示している。

301

Q 577 ★★★
【R4②】
危険度分布の危険度の判定には、災害発生の危険度を確実に把握するため、「指数」等の予測値は用いず、実況値を用いている。

Q 578 ★★★
【H24②】
大雨警報においては、特に警戒を要する災害の種類に応じて、「土砂災害」、「浸水害」、「土砂災害、浸水害」のいずれかが明示される。

Q 579 ★★★
表面雨量指数は、地面の被覆状況や地質、地形勾配など、その土地がもつ雨水の溜まりやすさの特徴を考慮して、降った雨が地表面にどれだけ溜まっているかを、タンクモデルを用いて数値化したものである。

Q 580 ★★★
流域雨量指数は、河川流域を5km四方の格子に分けて、降った雨水が、地表面や地中を通って時間をかけて河川に流れ出し、さらに河川に沿って流れ下る量を、タンクモデルや運動方程式を用いて数値化したものである。

Q 581 ★★★
【R4①】
都道府県知事と気象庁が共同で発表する土砂災害警戒情報は、短期降雨指標である60分間積算雨量と長期降雨指標である土壌雨量指数を組み合わせた基準を用いて発表される。

A 577 危険度分布（キキクル）の危険度の判定の算出　✕
には、実況値に加えて土壌雨量指数、表面雨
量指数、流域雨量指数といった3つの「指数」
の予測値を用いている。

A 578 大雨警報は、「大雨警報（土砂災害）」「大雨警　◯
報（浸水害）」「大雨警報（土砂災害、浸水害）」
と、特に警戒すべき災害を標題に明示して発表
している。

A 579 表面雨量指数は、短時間強雨による浸水害リス　◯
クの高まりを把握するための指数である。表面
雨量指数の1時間先までの予測値は、大雨警
報（浸水害）の危険度分布（浸水キキクルとも
いう）に用いられている。

A 580 流域雨量指数は、河川の上流域に降った雨によ　✕
り、どれだけ下流の対象地点の洪水災害リスク
が高まるかを把握するための指標で、河川流域
を1km四方の格子に分けて数値化したもので
ある。流域雨量指数の3時間先までの予測値
は洪水警報の危険度分布（洪水キキクルともい
う）に用いられている。

A 581 土砂災害警戒情報は都道府県知事と気象庁が共　◯
同で発表するもので、その基準には、短期降雨
指標である60分間積算雨量と長期降雨指標で
ある土壌雨量指数の2つの指標の組み合わせ
を用いている。

Q 582 ★★ 記録的短時間大雨情報は、雨量基準を満たし、かつ、大雨警報発表中に、キキクル（危険度分布）の「警戒（赤）」が出現している場合に発表するものである。

 Q 583 ★★★ 顕著な大雨に関する気象情報は、線状降水帯による大雨の可能性がある程度高い場合に、警戒レベル相当情報を補足する情報として警戒レベル３相当以上の状況で発表される。

 Q 584 ★ 気象庁が国土交通省または都道府県の機関と共同して、あらかじめ指定した河川について行う指定河川洪水予報の標題には、氾濫注意情報、氾濫警戒情報、氾濫危険情報、氾濫発生情報の４つがある。

 Q 585 ★★★ 早期注意情報には、［高］と［中］があり、［高］は警報を発表中、又は警報を発表するような現象発生の可能性が高い状況を表し、［中］は注意報級の現象の発生する可能性が高いことを表している。

A 582 記録的短時間大雨情報は、雨量基準を満たし、✕
かつ、大雨警報発表中に、キキクル（危険度分
布）の「危険（紫）」が出現している場合に発
表するものである。雨量基準は、1時間雨量歴
代1位または2位の記録を参考に、おおむね
府県予報区ごとに決めている。

A 583 顕著な大雨に関する気象情報は、大雨による災 ✕
害発生の危険度が急激に高まっている中で、線
状の降水帯により非常に激しい雨が同じ場所で
実際に降り続いている状況を「線状降水帯」と
いうキーワードを使って解説する情報である。
警戒レベル相当情報を補足する情報として、警
戒レベル4相当以上の状況で発表される。

A 584 指定河川洪水予報の標題には、氾濫注意情報、◯
氾濫警戒情報、氾濫危険情報、氾濫発生情報の
4つがある。なお、指定河川洪水予報の発表対
象ではない河川も対象として、気象庁が発表し
ている洪水警報、洪水注意報、洪水キキクルが
ある。

A 585 気象庁は、警報級の現象が5日先までに予想 ✕
されているときに、その可能性を早期注意情報
（警報級の可能性）として［高］、［中］の2段
階で発表している。［高］は警報を発表中、又
は警報を発表するような現象発生の可能性が高
い状況、［中］は［高］ほど可能性は高くはな
いが、命に危険を及ぼすような警報級の現象と
なりうる状況を表している。

Q 586 ★ 台風が発生したときや、台風が日本に影響を及ぼすおそれがあるか、すでに影響を及ぼしているときは、台風に関する気象情報（全般台風情報）が発表される。

Q 587 ★★★ 気象庁は、竜巻発生確度ナウキャストで発生確度1が現れた地域に対して竜巻注意情報を発表している。

Q 588 ★ 気象庁と環境省が共同で発表する熱中症警戒アラートは、発表対象地域内の暑さ指数（WBGT）算出地点のいずれかで、日最高暑さ指数を33以上と予測した場合に発表される。

気象庁は、台風が発生したときや、台風が日本 ○
に影響を及ぼすおそれがあるか、すでに影響を
及ぼしているときに、台風に関する気象情報（全
般台風情報）を発表する。なお、今後台風に発
達すると予想される熱帯低気圧が日本に影響す
るおそれがある場合は、発達する熱帯低気圧に
関する情報が発表される。

 気象庁は竜巻注意情報を、竜巻発生確度ナウ ✕
キャストで発生確度2が現れた地域について天
気予報と同じ区域を対象に発表しているほか、
目撃情報が得られて竜巻などが発生するおそれ
が高まったと判断した場合に発表している。

 熱中症警戒アラートは、熱中症の危険性が極 ○
めて高くなることが予測された場合に府県予
報区などを単位として発表される。暑さ指数
（WBGT）は、気温、湿度、日射量などをもと
に算出する熱中症予防の指数で、日最高暑さ指
数を33以上と予測した場合に発表される。

2 気象災害

Q 589 ★★
集中豪雨とは、狭い範囲に数時間にわたって降り、100mm から数100mm の雨量を記録する雨をいう。

Q 590 ★★
高潮災害は、台風や発達した低気圧の接近によって海水面が上昇し、海水が陸地に浸入した結果生じる災害である。

Q 591 ★★★
日本付近の平常時の潮位が1年の中で最も高い夏から秋の時期に台風に襲われると、ほかの時期よりも高潮の被害が発生しやすい。

Q 592 ★★
警報級の現象が5日先までに予想されるときに発表される早期注意情報（警報級の可能性）の要素には、高潮は含まれていない。

Q 593 ★★★
洪水警報が対象とする河川の増水に起因する災害には、外水氾濫と、湛水型の内水氾濫がある。

A 589 集中豪雨は、同じ場所で積乱雲が次々に発生・発達を繰り返し、数時間で 100 ～数 100mm を記録する雨で、土砂災害などの災害をもたらす。 ◯

A 590 高潮は、台風などの気圧低下による海面の吸い上げ効果と、風による海水の吹き寄せ効果によって、海面が異常に上昇する現象である。高潮災害には、浸水のほか、防潮堤・港湾施設などの損壊、船舶の流出などがある。 ◯

A 591 日本付近の海水温が最も高くなる夏から秋にかけては、海水の膨張により平常時の潮位が 1 年の中で最も高い時期にあたる。そのため、この時期に台風に襲われるとほかの時期に比べて高潮の被害が発生しやすい。 ◯

A 592 早期注意情報（警報級の可能性）の要素は、大雨、大雪、暴風（暴風雪）、波浪、高潮である。 ✕

A 593 洪水警報が対象とする河川の増水に起因する災害には、河川の水位が上昇し堤防を越えたり破堤するなどして堤防から水があふれる外水氾濫と、河川の水位が高くなることで周辺の支川や下水道から水があふれる湛水型の内水氾濫（本川から支川への逆流によるものや、人為的な水門閉鎖によるものも含む）とがある。 ◯

Q 594 ★★ ある地点で連続する波を1つずつ観測したとき、波高の高いほうから順に全体の1/3の個数の波を選び、これらの波高および周期を平均したものをそれぞれ有義波高、有義波周期と呼び、その波高と周期を持つ仮想的な波を有義波と呼ぶ。

Q 595 ★★ 霜害には、秋におりる「おそ霜」による害と、晩春から初夏にかけておりる「はや霜」による害がある。

Q 596 ★★★ 地上付近の気温が氷点下のときに降ってきた雪片が、電線や架線などに付着して凍結する現象を着氷という。

Q 597 ★★ 夏期における低温害は、平年に比べて低温の日が数日以上続いたときに発生し、主に農作物に被害をもたらす。

Q 598 ★★★ 天気予報では、平均風速が15m/s以上20m/s未満の風を非常に強い風、20m/s以上30m/s未満の風を猛烈な風と表現している。

A 594 たとえば99個の波が観測された場合、高いほ ○
うから33個の波を選び、これらの波高および
周期を平均したものをそれぞれ有義波高、有義
波周期、その波高と周期を持つ仮想的な波を有
義波と呼ぶ。天気予報や波浪図等の波高や周期
は有義波の値である。

 A 595 晩春から初夏にかけておりる霜は、通常の霜の ✕
時期より遅れるのでおそ霜といい、通常よりも
早い秋におりる霜をはや霜という。どちらの霜
も農作物に被害をもたらす。

 A 596 着氷は、地上付近の気温が氷点下のときに、過 ✕
冷却状態の水滴（液相）が地物に付着して凍結
する現象である。雪やあられのような固相では
着氷といわない。湿った雪が電線や樹木などに
付着する現象は着雪である。なお、海上で波し
ぶきや雨や霧が、低温と風によって船体に付着
して凍結する現象を「船体着氷」という。

 A 597 夏期の低温害は温度の低い日が数日続いたとき ○
に発生しやすく、主な被害は農作物への被害で
ある。たとえば、「ヤマセ」といわれる低温の
北東風が吹くことの多い岩手県の夏期の低温注
意報の基準は、「最高・最低・平均気温のいず
れかが、平年より4〜5℃以上低い日が数日以
上続くとき」となっている。

 A 598 天気予報では、平均風速〔m/s〕によって風の ✕
強さを以下のように表現する。10以上15未満：
やや強い風、15以上20未満：強い風、20以
上30未満：非常に強い風、およそ30以上：
猛烈な風。なお、猛烈な風は最大瞬間風速が
50以上の場合にも用いられる。

Q599
【H26①】
冬季の日本海側では、寒気の移流によって対流雲が発生するが、夏季に発生する積乱雲と比べると雲頂高度が低いことから、竜巻が発生することはない。

Q600
天気予報では、雨の強さは1時間の雨量に基づいて、弱い雨、強い雨、激しい雨の3段階に分けて表現される。

Q601
【H30①】
台風に伴って海上から陸上へ向かって強い風が吹くと、海水の飛沫が陸上の地物や電線などに付着して塩害（えんがい）が発生することがある。一般に降水量が少ないほど塩害の程度は小さい。

Q602
多雪地域の斜面に積もった雪が、春先に降水や気温の上昇で融けて起こる全層なだれなどの被害を融雪（ゆうせつ）害という。

Q603
古い積雪面上に降り積もった新雪層が滑り落ちる表層なだれは、気温が低く降雪が続く厳冬（げんとう）期に多く発生するが、全層なだれと比べて被害範囲が小さい傾向がある。

A 599 冬季の日本海側で生じる積乱雲は、夏季と比べ　✕
て雲頂高度は低いが、落雷の強さは同じ程度な
ので、スーパーセル型雷雨に伴う竜巻が発生し
ていると考えられる。過去の竜巻発生確認数に
よれば、冬季にも竜巻発生が確認されている。

A 600 雨の強さは1時間の雨量〔mm/h〕によって、　✕
次のように表現される。
10 以上 20 未満：やや強い雨
20 以上 30 未満：強い雨
30 以上 50 未満：激しい雨
50 以上 80 未満：非常に激しい雨
80 以上　　　　：猛烈な雨

A 601 降水量が多い場合は付着した飛沫（塩分）は洗　✕
い流されるので塩分の付着は少なくなり被害の
程度は小さく、降水量が少ないほど塩分の付着
が多くなるので塩害の程度は大きい。

A 602 雪が融けることで生じる災害を融雪害といい、　○
全層なだれのほか、浸水、洪水、崖崩れ、土砂
災害などがある。

A 603 なだれには、大きく分けて全層なだれと表層な　✕
だれの2種類がある。全層なだれは、雨水な
どが流れ込むことで積もっている雪が滑り落ち
る現象で春先に多く発生する。表層なだれは、
積雪面上に新雪が積もった場合に新雪層が滑り
落ちる現象で、厳冬期に多く発生する。表層な
だれは全層なだれに比べて速度が速く破壊力が
強大なため被害範囲も広範囲に及ぶ傾向があ
る。

Point 47 気象情報

　気象情報には、警報・注意報の発表に先立って警戒を呼び掛ける予告的な役割、特別警報・警報・注意報の発表中に防災上の留意点を解説する補完的な役割、社会的に影響の大きな天候の解説、記録的な大雨に対してより一層の警戒を呼び掛ける役割がある。全国を対象とする全般気象情報、全国を11の地方に分けた地方気象情報、都道府県（北海道と沖縄ではさらに細かい単位）を対象とする府県気象情報がある。

名称	内容
記録的短時間大雨情報	大雨による災害発生の危険度が急激に高まっている中で、線状の降水帯により非常に激しい雨が同じ場所で降り続いている状況を線状降水帯というキーワードを使って解説する情報。
顕著な大雨に関する気象情報	数年に一度しか起こらないような記録的な短時間の大雨を観測し、より一層の警戒を呼び掛けるときに発表する情報。
キキクル（危険度分布）	・土砂キキクル（大雨警報（土砂災害）の危険度分布）は、大雨警報（土砂災害）や土砂災害警戒情報などが発表されたときに、どこで危険度が高まっているかを地図上で示す情報。危険度判定に2時間先までの土壌雨量指数の予測値を使用。 ・浸水キキクル（大雨警報（浸水害）の危険度分布）は、雨が強まってきたときや大雨警報（浸水害）などが発表されたときに、どこで短時間強雨による浸水害発生の危険度が高まっているかを地図上で示す情報。危険度判定に1時間先までの表面雨量指数の予測値を使用。 ・洪水キキクル（洪水警報の危険度分布）は、指定河川洪水予報の発表対象でない中小河川の洪水災害発生の危険度がどこで高まっているかを地図上で示す情報。危険度判定に3時間先までの流域雨量指数の予測値を使用。

早期注意情報 (警報級の可能性)	警報級の現象が5日先までに予想されるときに、その可能性を [高] と [中] の2段階で発表する情報。[高] は警報を発表中、又は警報を発表するような現象発生の可能性が高い状況、[中] は [高] ほど可能性は高くはないが、命に危険を及ぼすような警報級の現象となりうる状況を示す。
土砂災害警戒 情報	大雨警報（土砂災害）の発表後、命に危険を及ぼす土砂災害がいつ発生してもおかしくない状況となったときに、対象となる市町村を特定して警戒を呼び掛ける情報。警戒レベル4に相当。
指定河川洪水 予報	気象庁が国土交通省または都道府県の機関と共同して、あらかじめ指定した河川について行う洪水の予報。標題には、氾濫注意情報、氾濫警戒情報、氾濫危険情報、氾濫発生情報がある。
竜巻注意情報	竜巻発生確度ナウキャストで発生確度2が現れた地域や目撃情報が得られて竜巻等が発生するおそれが高まったと判断した場合に、天気予報と同じ区域を対象として発表する情報。有効期間は発表から約1時間。
熱中症警戒 アラート	暑さ指数（WBGT）が33以上となることが予測された場合に環境省と共同で発表する情報。

☀ Point 48　気象災害

■ 気象災害の種類

風害、大雨害、大雪害、雷害、ひょう害、長雨害、干害、なだれ害、融雪害、着雪害、落雪害、乾燥害、視程不良害、冷害、凍害、霜害、塩風害、寒害、日照不足害などがある。

■ 天気予報などで用いる予報用語

雨の強さの表現	風の強さの表現
1時間雨量〔mm/h〕 10以上20未満：やや強い雨 20以上30未満：強い雨 30以上50未満：激しい雨 50以上80未満：非常に激しい雨 80以上：猛烈な雨	平均風速〔m/s〕 10以上15未満：やや強い風 15以上20未満：強い風 20以上30未満：非常に強い風 およそ30以上又は、最大瞬間風速が50以上：猛烈な風

第8章 予想の精度の評価

1 予想の精度の評価

 予報精度の評価指標の1つである2乗平均平方根誤差は、その値が小さいほど誤差が小さいことを示す。

 予報精度の評価指標の1つであるスレットスコア（TS）は、発生確率は小さいが、予報する意味が大きい現象についての予報の評価に適用される。

 降水確率予報の評価に使われるブライアスコア（BS）は、予報が完全な場合は BS=1.0、最悪の場合は BS=0.0 である。

 下表は7日間の降水確率予報と実況の例である。実況は、1mm 以上の降水があった日を「1」、降水が 1mm 未満の日を「0」としている。この予報のブライアスコアは約0.5である。

日	1	2	3	4	5	6	7
降水確率予報	0.0	0.1	0.4	0.8	0.6	0.1	0.0
実況（1か0）	0	0	0	1	1	0	0

予想の精度の評価は、一定の方式で計算される指標（スコア）によって行われるので、それぞれの評価にどのスコアが適用されるのかを、計算法とともに確認しておこう。

A 604 ○
2乗平均平方根誤差（RMSE）は、予報値（F_i）と実況値（A_i）の差の2乗を期間平均して、平方根をとったもので、次式で表せる（Nは予報回数）。

$$\text{RMSE} = \sqrt{\frac{\Sigma\,(F_i - A_i)^2}{N}}$$

この値が小さいほど誤差が小さく、精度が良い。

A 605 ○
スレットスコアは、冬の太平洋側の雨のように、発生確率は小さいが、予報する意味の大きい事象に対する予報精度の評価に適している。スレットスコアは0から1の値をとり、1に近いほど予報精度が良い。

A 606 ✕
ブライアスコアは、降水確率予報値（100%を1.0とした値）に対して、実況で「降水なし」を0、「降水あり」を1とし、予報値と実況値(1か0)の差の2乗の期間平均したもので、次式で表せる。

$$\text{BS} = \frac{\Sigma\,(F_i - A_i)^2}{N}$$

0に近いほど予報精度が良い。

A 607 ✕
ブライアスコアは、予報値－実況値（1か0）の2乗平均なので、以下のように計算できる。
$\text{BS} = [(0.0-0)^2 + (0.1-0)^2 + (0.4-0)^2 + (0.8-1)^2$
$+ (0.6-1)^2 + (0.1-0)^2 + (0.0-0)^2] / 7$
$= (0 + 0.01 + 0.16 + 0.04 + 0.16 + 0.01 + 0) / 7$
$= 0.38 / 7 \fallingdotseq 0.054$

Q 608 降水の有無について、60日間の日々の予報から下の2×2分割表を作成した。これによると、適中率は90%以上である。

		予報	
		降水あり	降水なし
実況	降水あり	5	3
	降水なし	2	50

 Q 609 Q608の2×2分割表によると、空振り率は10%以下である。

 Q 610 Q608の2×2分割表によると、見逃し率は空振り率よりも低い。

 Q 611 Q608の2×2分割表によると、捕捉率は50%以下である。

 Q 612 Q608の2×2分割表によると、スレットスコアは0.5である。

A 608 適中率は、予報が当たった比率で示すスコアなので、全予報回数を N として下の 2×2 分割表の記号で示すと、(A+D)/N である。 ○

		予報	
		あり	なし
実況	あり	A	B
	なし	C	D

適中率 = $\dfrac{5+50}{60} = \dfrac{55}{60} \fallingdotseq 0.92 = 92\%$

 A 609 空振り率は、「あり」と予報したのに実況は「なし」(C) で空振りだったケースのスコアなので、C/N である。 ○

空振り率 = $\dfrac{2}{60} \fallingdotseq 0.03 = 3\%$

 A 610 見逃し率は、予報が「なし」で実況が「あり」(B) のケースのスコアなので、B/N となる。 ✗

見逃し率 = $\dfrac{3}{60} = 0.05 = 5\%$

したがって Q609 で求めた空振り率よりも高い。

 A 611 捕捉率は、実況で「あり」の回数 (A+B) のうち、それを何回予報 (A) できたかを示すスコアなので、A/(A + B) である。 ✗

捕捉率 = $\dfrac{5}{5+3} = \dfrac{5}{8} = 0.625 = 62.5\%$

 A 612 スレットスコアは、予報・実況がともに「なし」の場合に適中しても意味のないケース、つまり予報も実況も「なし」(D) を除いて求めた適中率なので、A/(A + B + C) である。 ○

スレットスコア = $\dfrac{5}{5+3+2} = \dfrac{5}{10} = 0.5 = 50\%$

Q 613 下表は、ある月の2日から5日までの前日に発表
された日最高気温の予報値と、1日から5日までの
実況値を示したものである。この予報値と前日の実
況値を当日の予報値とする持続予報値を2乗平均
平方根誤差（RMSE）で比較すると、予報値のほう
が精度が良い。

	1日	2日	3日	4日	5日
予報値（℃）	―	30	32	33	33
実況値（℃）	29	31	32	32	33

....

【R2①】

Q 614 アンサンブル予報などによる確率予報の評価指標の
1つであるブライアスコアは、現象の気候学的出現
率の影響を受けるため、出現率の異なる現象に対す
る確率予報の精度の比較には適さない。

A 613 持続予報とは、現在と同じ天気状態が、予報対 ○
象期間中も持続するとした予報である。たとえ
ば、今日の最高気温が29℃ならば、それを翌
日の予報値とする。この問題の表に、「予報値
－実況値」、持続予報値、「持続予報値－実況値」
を書き加えると下表になる。

	1日	2日	3日	4日	5日
予報値（℃）	－	30	32	33	33
実況値（℃）	29	31	32	32	33
予報値－実況値		-1	0	1	0
持続予報値（℃）	－	29	31	32	32
持続予報値－実況値		-2	-1	0	-1

この表から、予報値と持続予報値の RMSE を
計算して比較する。

$$予報値の RMSE = \sqrt{\frac{1+0+1+0}{4}}$$

$$= \sqrt{0.5}$$

$$持続予報値の RMSE = \sqrt{\frac{4+1+0+1}{4}}$$

$$= \sqrt{1.5}$$

$\sqrt{0.5} < \sqrt{1.5}$ で予報値のほうが RMSE の値が
小さいので、予報値のほうが精度が良い。

学科・専門｜第8章 予想の精度の評価

A 614 現象の気候学的出現率とは、たとえば「雨が降 ○
りやすい地域と降りにくい地域の雨の出現率は
異なる」といった気候によってその現象が出現
する割合のことである。降水確率100％の予
報を100回行う場合でも、雨が降りやすい地
域と降りにくい地域でその精度は大きく異な
る。ブライアスコアは、現象の気候学的出現率
の影響を受けるので、出現率の異なる現象に対
する確率予報の精度の比較には適さない。

重要 ポイント まとめて *Check*

Point 49 予想の精度の評価

■ 予報誤差

・平均誤差（ME）とは、予報値 F_i と実況値 A_i の差の単純平均であり、量的な予報値の評価に用いられる。予報の系統的な偏りを示す指数で、正（負）のときは期間平均で予報が実況より高（低）かったことを示す。

$$ME = \Sigma \frac{(F_i - A_i)}{N} \quad (N：予報回数)$$

・2乗平均平方根誤差（RMSE）とは、予報値と実況値の差の2乗平均の平方根である。量的な予報値の評価に用いられ、値が小さく0に近いほど予報精度が良い。

$$RMSE = \sqrt{\frac{\Sigma (F_i - A_i)^2}{N}}$$

■ 注意報・警報の評価

発表せず・発現せずは評価対象外とする。

	予報を発表	発表せず	合計
現象が発現	A	B	A + B
発現せず	C	－	－
合計	A + C	－	－

・用語の説明

注意報・警報の適中率	$\dfrac{A}{A + C}$
注意報・警報の空振り率	$\dfrac{C}{A + C}$
注意報・警報の見逃し率	$\dfrac{B}{A + B}$
持続予報	現在と同じ天気状態が予報対象期間中も持続するとした予報のこと。他の予報を評価する際の比較の対象として利用する。

| 気候値予報 | 予報対象期間中の天気状態が、気候値（平年値）と同じであるとした予報のこと。他の予報を評価する際の比較の対象として利用する。 |

■2×2分割表

降水の有無（1mm 以上の降水の有無）の精度評価の分析に用いられる。

		予　報		
		あり	なし	合計
実況	あり	A	B	A＋B
	なし	C	D	C＋D
	合計	A＋C	B＋D	N

注：N＝A＋B＋C＋D

・用語の説明

適中率	$\dfrac{A+D}{N}$
空振り率	$\dfrac{C}{N}$
見逃し率	$\dfrac{B}{N}$
捕捉率	$\dfrac{A}{A+B}$
スレットスコア（TS）	予報・実況がともに「なし」のケースを除外した適中率のことである。0～1の値をとり、1に近いほど予報精度が良い。 $$TS=\dfrac{A}{A+B+C}$$
ブライアスコア（BS）	降水確率予報値（100％を1.0とした値）に対して、実況で「降水なし」を0、「降水あり」を1とし、予報値－実況値（1か0）の2乗の期間平均したものである。降水確率予報の評価に用いる。0に近いほど予報精度が良い。 $$BS=\dfrac{\Sigma\,(F_i-A_i)^2}{N}$$

1 天気予報ガイダンス

 Q 615 ガイダンスには、発雷確率や乱気流、視程など、数値予報では直接予測しないが、天気予報、警報・注意報、飛行場予報などの発表に必要な気象要素を作成する役割がある。

 Q 616
【H21②】 ガイダンスは、数値予報の予想値のランダムな誤差の修正に対しては有効であるが、予想値の系統的誤差を修正することは困難である。

 Q 617 気象庁では、天気予報ガイダンスとして降水、降雪、気温、風、天気、発雷確率、湿度のガイダンスは作成しているが、視程については作成していない。

 Q 618 気象庁のガイダンスの作成には、ニューラルネットワーク、カルマンフィルター、ロジスティック回帰、線形重回帰などが用いられている。

天気予報をする際の直接的な資料であるガイダンスそのものの役割や、作成手法の特性、ガイダンスを利用する際の留意点、降水確率の解釈などについて確認しておこう。

A 615 ■■■ 予報要素への翻訳や統計的な補正を行う処理およびその結果作成される予測資料をガイダンスという。ガイダンスの役割の1つは、数値予報が予測していない要素を作成することである。 ○

A 616 ■■■ 数値予報結果と観測される気象要素の間の系統的誤差（系統誤差）を軽減することは、ガイダンスの役割の1つである。しかし、ガイダンスは数値予報結果をそのまま利用するので、数値予報結果のランダム誤差を修正することはできない。 ✕

A 617 ■■■ 気象庁は、降水、降雪、気温、風、天気、発雷確率、湿度、視程の天気予報ガイダンスを作成している。 ✕

A 618 ■■■ カルマンフィルターは基本的には逐次学習のみ、ニューラルネットワーク、ロジスティック回帰、線形重回帰は、逐次学習と一括学習のいずれも利用可能である。気象庁のガイダンスでは、ニューラルネットワークには主に逐次学習、ロジスティック回帰と線形重回帰には一括学習が用いられている。 ○

カルマンフィルターの予測式は線形式で、説明変数と目的変数の関係が線形の場合に利用できる。

 ニューラルネットワークを用いたガイダンスは説明変数と目的変数の関係が非線形の場合にも利用でき、説明変数と目的変数の複雑な関係を表現することができるが、なぜそのような予測になったのかの解釈が困難であるという問題が生じる。

【R4①】 気温ガイダンスにより、寒冷前線の通過のタイミングが数値予報モデルの予想と異なることによって生じる気温の予測誤差を低減することが期待できる。

【R2②】 数値予報モデルでは、海陸の区別が実際と一致していない格子点がある。ガイダンスは、海陸の区別の不一致に起因する予測値の誤差を低減することができる。

A 619 カルマンフィルターは、ノイズを持つ観測デー ○
タを用いて、観測のたびに変化する推定値と誤
差の最新の関係を推定する時系列解析の手法で
ある。カルマンフィルターの予測式は線形式で、
主に説明変数（入力値）と目的変数（出力値）
の関係が線形である場合に利用でき、ガイダン
スにおいては説明変数と目的変数を結びつける
係数を逐次学習する手法として利用されている。

 A 620 ニューラルネットワークは、神経細胞（ニュー ○
ロン）の機能の一部をモデル化した機械学習ア
ルゴリズムである。説明変数と目的変数の関係
が非線形である場合にも適用でき、これらの複
雑な関係を表現することができるが、なぜその
ような予測になったのかの解釈が困難（ブラッ
クボックス）であるという問題が生じる。

 A 621 寒冷前線の通過のタイミングが数値予報モデル ✕
の予想と異なることによって生じる気温の予測
誤差は、初期値に含まれるわずかな誤差が拡大
するなどして生じるランダム誤差である。ガイ
ダンスでランダム誤差を軽減することはできな
いので、このような気温の予測誤差を低減する
ことは期待できない。

 A 622 気温の予想などは数値予報では海水温の影響を ○
大きく受けるが、数値予報モデルの海陸の区別
の不一致に起因する予測値の誤差は系統誤差で
ある。ガイダンスは系統誤差を軽減することが
できるので、このような予測値の誤差を低減す
ることができる。

Q 623 天気予報ガイダンスでは、稀な現象に対して、数値予報による現象の程度を上方にバイアス修正することで捕捉率を高めると同時に容易に空振り率を下げることができる。

 Q 624 発雷確率ガイダンスは、予報対象領域内における発雷の確率の大小、雷の強度、発雷数、継続時間を示すものである。

 Q 625
【R3②】
雷は発生頻度の低い現象であることから、発雷確率ガイダンスは逐次学習によるガイダンスではなく、過去の資料から一括学習により求めた回帰式に基づくガイダンスである。

A 623 数値予報による現象の程度を上方にバイアス修　**✕**
正することで捕捉率を高めることができるが、
現象の程度を上方にバイアス修正することで予
報は過多になるので空振り率は高くなる。捕捉
率と空振り率を同時に高めることは困難である。

 A 624 発雷確率ガイダンスは、予報対象領域内の少な　**✕**
くとも1地点で発雷する確率を示すものである。
予報対象領域内における発雷の確率の大小、雷
の強度、発雷数、継続時間を示すものではない。

 A 625 雷は、発生頻度の低い現象なので、予測因子と　**◯**
実況との間の対応関係を逐次学習するガイダン
スではなく、過去数年間の発雷実況から作成し
た目的変数と数値予報予測値から計算した説明
変数を用いてロジスティック回帰を行って予測
式を作成している。

2 予報の利用

 降水確率予報における降水確率０％とは、予報対象地域の予報期間内は「全く降水がない」ことを意味する予報である。

 正午から午後６時までの降水確率が90％とは、正午から午後６時までの６時間のうちの９割の時間帯に降水があることを意味する。

 低気圧や台風の中心気圧が12（24）時間以内におよそ10（20）hPa以上下がる場合は、急速に発達するという表現が用いられる。

 予報の信頼性が非常に高い場合、降水確率予報を有効に使う方法の１つとして、降水があった場合の損失を防ぐための費用（C）と、対策を講じることで軽減される損失（L）との比（コスト・ロス比：C/L）が、降水確率よりも小さい場合に対策を講じるというものがある。

 天気予報において「一時」という用語は、ある現象が連続的に起こり、その現象の発現期間が予報期間の1/4未満であることを意味する。

A 626 降水確率予報は、短期予報の場合は対象地域の **×**
6時間の予報期間内に1mm以上の降水の確率
を、1の位を四捨五入して10％きざみで予報す
るものである。したがって降水確率0％という
予報は、確率が5％未満であることと、1mm未
満の降水は対象にしていないことから、全く降
水がないということを意味する予報ではない。

 A 627 降水確率は降水の有無のみについて確率を示す **×**
もので、対象区域内のどの地点でも同じ確率と
して定義される。つまり、正午から午後6時
までの降水確率が90％とは、対象区域の正午
から午後6時までの降水量の合計が1mm以上
となる確率が90％であることを意味する。

 A 628 気象庁の気圧系の発達に関する用語で、急速に **○**
発達するという用語は、低気圧や台風の中心
気圧が12（24）時間以内におよそ10（20）
hPa以上下がる場合とされている。

 A 629 降水確率を小数点表示で P として、費用（C） **○**
と軽減される損失（L）の比（コスト・ロス比：
C/L）について、$C/L<P$ の場合に対策を講じ、
$C/L>P$ の場合には対策を講じないとすると、
経済的利益は最大となる。

 A 630 「一時」は、ある現象が予報期間の1/4未満の **○**
時間にわたって連続的に発現するときに用い
る。ちなみに「時々」は、ある現象が断続的に
発現し、その発現時間の合計が予報期間の1/2
未満のときに用いる。

☀ Point 50 天気予報ガイダンス

　ガイダンスとは、予報要素への翻訳や統計的な補正を行う処理そのもの、およびその結果作成される予測資料のこと。防災情報や天気予報などの作成を行う上で重要な基礎資料である。

種類	降水（平均降水量、降水確率、最大降水量、大雨発生確率）、降雪（降雪量）、気温（時系列気温、最高・最低気温）、風（定時風、最大風速）、天気、発雷確率、湿度（最小湿度）、視程。
役割	①数値予報が予測していない要素を作成する。 ②数値予報の系統誤差を補正する（ランダム誤差は軽減できない）。
系統誤差	ガイダンスで軽減することができる系統誤差（場所ごとや対象時刻ごとに統計検証した際の平均的な誤差）とは、①数値予報モデルの地形と実際の地形の違いに起因する誤差、②数値予報モデルの海陸分布と実際の海陸分布の違いに起因する誤差、③数値予報モデルの不完全性や空間代表性に起因する誤差である。

　気象庁のガイダンスの作成手法の種類と特徴は、次のとおり。

ニューラルネットワーク	神経細胞（ニューロン）の機能の一部をモデル化した機械学習アルゴリズムで、説明変数（入力値）と目的変数（出力値）の関係が非線形である場合にも適用できるという特徴がある。現在の AI に利用されているディープニューラルネットワークは、中間層を多層化したニューラルネットワークである。ニューラルネットワークは説明変数と目的変数の複雑な関係を表現することができるが、その反面、なぜそのような予測になったのかの解釈が困難（ブラックボックス）であるという問題がある。1 時間最大降水量、3 時間最大降水量、最小湿度ガイダンスなどに用いられている。

カルマンフィルター	時系列解析の手法の1つであり、ガイダンスにおいては説明変数と目的変数を結びつける係数を逐次学習する手法として利用されている。カルマンフィルターの予測式は線形式であり、説明変数と目的変数が線形関係の場合に利用できる。時系列気温、最高・最低気温ガイダンスなどに用いられている。
ロジスティック回帰	雷の有無などのように、現象を2つのクラスに分類する場合に用いられる統計手法の1つである。ロジスティック回帰により得られる予測値は現象の発生確率として考えることができるため、ロジスティック回帰は確率型のガイダンスである発雷確率ガイダンスなどに用いられている。
線形重回帰	説明変数と目的変数の間に線形関係がある場合に用いられる手法で、予測結果の解釈や開発が容易であるという特徴をもつ。24時間最大降水量ガイダンスなどに用いられている。
診断法	過去の研究や目的変数の定義に基づいて予測式を決定し、ガイダンスの予測値を算出する手法である。ほかの手法と比べて、開発において観測や数値予報モデルの長期間のデータが不要で、観測密度に起因する予測精度の不均一性がなく、メリハリの利いた予測が可能という特徴がある。視程ガイダンス（格子形式）などに用いられている。

学科・専門 第9章 気象の予想の応用

☀ Point 51　予報の利用

コスト・ロスモデル	損失を防ぐために対策を施した場合にかかる費用（コスト）と、何も対策を施さなかった場合に出る損失（ロス）をあらかじめ把握しておくことで、確率値に応じて最適な対応をとるという考え方のモデル。
コスト・ロス比	天候の影響による損失を防ぐための対策費（C）と、対策を講じることで軽減される損失（L）の比（C/L）について、予報の確率（P）との関係が $C/L < P$ の場合に対策を講じ、$C/L > P$ の場合に対策を講じないとすると、経済的利益は最大となる。

チャレンジ!! 実技試験

Ⅰ 試験形式と出題範囲

●試験形式

　実技試験では、ある気象現象がある時刻（初期時刻）の状況から変化する経過を、各種の資料を基に設問により順次考えさせ、記述方式や穴埋め方式、描画方式で解答させる出題形式となっています。

　出題数は実技試験1、2の2題で、解答時間はそれぞれ75分間ずつ与えられています。合格基準は総得点が満点の70%以上とされますが、実際には試験後に合格基準が発表される形となり、過去に発表された合格基準ではおおむね62～72%となっています。

●出題範囲

①気象概況およびその変動の把握

実況天気図や予想天気図を用いた気象概況と今後の推移、特に注目される現象についての予想上の着眼点等

②局地的な気象の予報

予報利用者の求めに応じて局地的な気象予想を実施するうえで必要な予想資料等を用いた解析・予想の手順等

③台風等緊急時における対応

台風の接近等で災害の発生が予想される場合に気象庁の発表する警報等と自らの発表する予報等との整合を図るために注目すべき事項等

Ⅱ 出題傾向分析

　過去に出題された天気現象の分類として次のようなものがあります。

・日本海低気圧	・二つ玉低気圧
・台風	・寒冷低気圧
・南岸低気圧	・三陸沖の高気圧
・梅雨前線	・西高東低型
	etc.

これらの他にも、南高北低型（夏型）、北東気流型などがあり、同じ気圧配置型であれば、ほぼ同じような気象経過をたどることから、影響する日本の地域に違いはあっても、論点が同じ設問となる傾向が見られます。たとえば、低気圧に関する問題の場合は、実況と予想の資料を示して、低気圧の移動や発達、海上警報の判断、前線やジェット気流の解析、3次元構造や発生メカニズム、大気成層の安定性、天気・風・降水量の予想、災害を生じる現象などに関する知識が問われる傾向があります。

過去問題や毎日の天気図を用いて、いろいろな気圧配置の気象経過に慣れておくことが重要です。毎日利用できる実況・解析天気図や予想天気図、衛星画像、解析雨量図などの資料は、気象庁のHPなどで入手できます。

https://www.data.jma.go.jp/yoho/hibiten/index.html

実技試験

Ⅲ 試験に用いられる主な天気図の知識と出題例

実技試験では資料として、天気図や実況資料が用いられます。天気図には、初期時刻の地上天気図、高層天気図、高層鉛直断面図や、12時間予想、24時間予想、36時間予想、48時間予想図などがあります。その他、実況資料として気象衛星画像、気象レーダーエコー合成図、解析雨量図、エマグラム、ウィンドプロファイラ風観測図、アメダス分布図、波浪分布図、潮位図などがあります。

資料名	必要な知識と出題例
地上天気図	①天気記号(全雲量、風向・風速、視程、現在・過去天気、気圧変化量、雲の状態・雲底の高さなど)②総観規模現象(温帯低気圧、熱帯低気圧、高気圧)③前線記号(寒冷・温暖・停滞・閉塞)④海上警報の種類と記号などの読み取り(風[W]、強風[GW]、暴風[SW]、台風[TW]、濃霧[FOG])⑤発達中の低気圧や台風の英文記事の読み方など
高層天気図	①記入観測データの記号(風向・風速、気温、湿数)②各高層天気図に表示されている等値線の種類、網掛け域の意味、実況天気図と解析天気図の違い(例:500hPaの実況天気図では高度・気温の等値線と観測値、解析天気図では高度・渦度の等値線など)③複数の異なる気圧面の天気図から現象の鉛直構造(例:気圧の谷)の把握④300hPa天気図↗

高層天気図	⤥からジェット気流の強風軸・寒冷渦の解析⑤ 500hPa天気図から総観規模現象の移動・発達や不安定現象をもたらす上空寒気の動向の把握⑥ 700hPa・850hPa天気図から前線解析、温度移流解析、湿数分布による天気判別
高層鉛直断面図	①東経130度、140度に沿ってほぼ南北に並ぶ観測点データと鉛直断面解析(等風速線、等温線、等温位線、圏界面高度など)②ジェット気流・圏界面・前線面解析
高層・地上 予想天気図	①極東域の500hPaの高度・渦度、地上の気圧・前12時間降水量・風と500hPaの気温、700hPaの湿数・鉛直p速度、850hPaの気温・風の12〜72時間予想図が設問に応じて示される。日本付近の850hPaと相当温位の12〜48時間予想図では、複数の物理量が1枚の天気図上に描画されているので、等値線や網掛け域(500hPaの正渦度域、700hPaの湿潤域や上昇流域)、極値、風向・風速を素早く読み取れるようにしておく② 500hPa渦度・トラフ・リッジから総観規模の移動・強風軸解析、700hPa鉛直p速度から低気圧の発達の判定・組織的な対流域の発生の判定、700hPa湿数から雲域の判定・低気圧後面への乾燥空気の流入判定、850hPa気温の集中帯から前線解析、風と併せて温度移流の判定(寒気の動向)
台風予想図	①台風の問題では、台風の大きさ・強さの定義、台風進路予想図を用いて暴風域、強風域、予報円、暴風警戒域などに関する知識が出題されやすい②台風が通過した時刻・防災対策の必要な地域や時刻の判断
週間予報支援図 (アンサンブル)	アンサンブル平均による日々の500hPa高度及び渦度・850hPa相当温位予想図、アンサンブルクラスター平均による500hPa特定高度線、札幌・館野・福岡・那覇の850hPa気温偏差予想グラフ、アンサンブル全メンバーによる降水量予想頻度分布、スプレッドの読みとり
気象衛星画像	①可視画像、赤外画像、水蒸気画像の性質と、これらに見られる雲画像の違いや雲の形状から、大気現象やその性質の判別②可視・赤外画像から雲形の判別、水蒸気画像からジェット気流やその動向の判断、暗域の変化と積乱雲の発達の関連
エマグラム	①エマグラムの描き方、状態曲線から大気状態の判別や安定・不安定の判断②複数地点のエマグラムから地点と現象の位置関係の判断
ウィンドプロ ファイラ	①前線や台風通過時に近傍の観測点上空の風の鉛直・時間変化図が用いられる②前線通過の場合:通過時刻・前線面高度・温度移流の判定③台風通過の場合:通過時刻や風向・風速の変化

レーダーエコー合成図	降水域の動向の判定、複数の異なる時間のレーダーエコー合成図を用いた降水域の移動速度の算出、降水域が対応する前線の種類の判別、対応する寒冷前線の通過する時刻の算出、エマグラムとレーダーエコー合成図を用いてレーダーエコーが観測されている地域に地上実況で降水が観測されていない理由の判定
沿岸波浪図	①実況図：日本近海の沿岸における波の波高・卓越周期・卓越波向、海上の風向・風速と等波高線(図)の分析②予想図：初期時刻から12～48時間予報図、表データを除いて実況図と同じ内容。風浪とうねりの違い、波浪の防災事項の判断
潮位実況図	①天文潮位を除いた潮位偏差図を示す場合もある。台風接近時刻と満潮時刻から高潮被害の判断

(参考) 天気図では、距離は海里〔NM〕、速度はノット〔kt〕で表す。1NM は地球の緯度 1 分の距離 (≒ 1.85km)、1kt は時速 1NM である (1kt ≒ 0.5m/s)。

実技試験

Ⅳ 記述問題の解答記入時の注意

① 設問で求められたことだけを記述しましょう。

不要なことが書かれている場合、論理的に間違っていると、減点対象となることがあります。

② 設問で指示された図・資料に基づいて解答しましょう。

指示されていない図を用いたり、指示された図を用いていない解答は減点対象となることがあります。

③ 設問で求められているキーワードを欠かすことなく、論理的に記述しましょう。

キーワードの有無だけでなく、それを文章中で論理的に用いているかどうかも採点の対象になります。また、誤字や脱字は誤解答とみなされることがあるので、正確に記述しましょう。

④ 字数制限問題ではある程度の文字の増減は許容範囲です。

字数制限がある問題で多少文字数が多くても、解答用紙として用意されているマス目に収まっていれば問題ありません。極端に少ない場合は、必要キーワードを記述できていない可能性があるので、問われている内容を確認しましょう。

次の資料を基に以下の問題に答えよ。

> 図1　気象衛星赤外画像　xx 年4月2日21時（12UTC）
> 図2　地上天気図　xx 年4月2日21時（12UTC）
> 図3　300hPa 天気図　xx 年4月2日21時（12UTC）
> 図4　500hPa 高度・渦度解析図　xx 年4月2日21時（12UTC）
> 図5　850hPa 気温・風と700hPa 鉛直流解析図　xx 年4月2日21時（12UTC）
> 図6　東経140度鉛直断面図　xx 年4月2日21時（12UTC）

Q 01　図2を用いて次の文章の空欄（①）〜（⑮）に入る適切な語句または数値を記入せよ。

　関東付近の北緯（①）度、東経（②）度には（③）hPa の発達中の低気圧があって（④）に15ノットで進んでいる。この低気圧には海上（⑤）警報が出されており、（⑥）時間以内に低気圧の（⑦）側（⑧）海里以内とその他の方向（⑨）海里以内では30から（⑩）ノットの風が予想されている。また、秋田沖には（⑪）hPa の別の低気圧があって、（⑫）に（⑬）ノットで進んでいる。東シナ海には、1016hPa の（⑭）があり、海上（⑮）警報が出されている。

Q 02　図6の断面図で300hPa 付近に赤円で示したジェット気流 A とジェット気流 B が解析できる。これらのジェット気流を図3の300hPa 天気図上に東経100〜150度の範囲で、A、B いずれも実線矢印で記入せよ。

Q 03　図5に850hPa 面における寒冷前線を、前線記号を用いて記入せよ。

Q 04　図4の500hPa の高度・渦度解析図に、秋田沖の地上低気圧に対応する気圧の谷の位置を二重線で示せ。

Q 05　図2〜図5を用いて、秋田沖の地上低気圧の中心と、これに対応する①上空の気圧の谷、②ジェット気流 A・B、との位置関係を①は20字、②は15字程度で記述せよ。

Q 06　図5に赤色○印で示した850hPa 面で30ノット以上の風が吹いている A 〜 C の領域では、寒気移流か暖気

移流かを答えよ。

Q 07 Q04で図4に記入した気圧の谷の位置と図1の赤外画像の雲分布との対応を30字程度で述べよ。

Q 08 図5の700hPa面における鉛直p速度と図1の赤外画像のサハリン付近から日本の南海上にかけて分布している雲との対応を20字程度で述べよ。

Q 09 図2と図5を用いて、関東付近の低気圧が発達過程にあることが読み取れる気温と鉛直p速度の分布の特徴を、40字程度で述べよ。

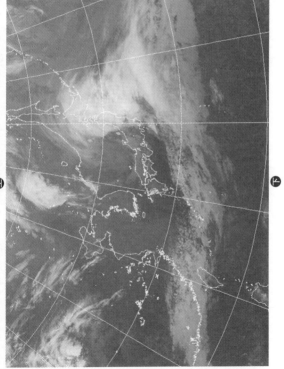

図1 xx 年4月2日21時（12UTC）の気象衛星赤外画像
※この図は左90度回転しています。

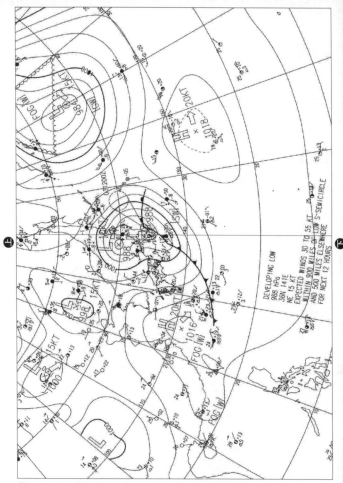

図2　xx 年4月2日21時（12UTC）の地上天気図 [実線：気圧（hPa）、矢羽：
風向・風速（ノット）（短矢羽：5ノット、長矢羽：10ノット、旗矢羽：
50ノット）]

※この図は左90度回転しています。

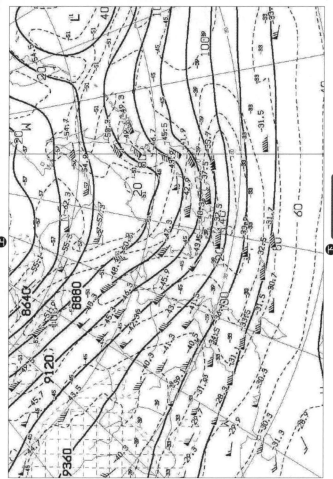

図3　xx 年4月2日21時（12UTC）の300hPa 天気図［実線：高度（m）、
破線：風速（ノット）、数値並び：気温（℃）、矢羽：風向・風速（ノッ
ト）（短矢羽：5ノット、長矢羽：10ノット、旗矢羽：50ノット）］
※この図は左90度回転しています。

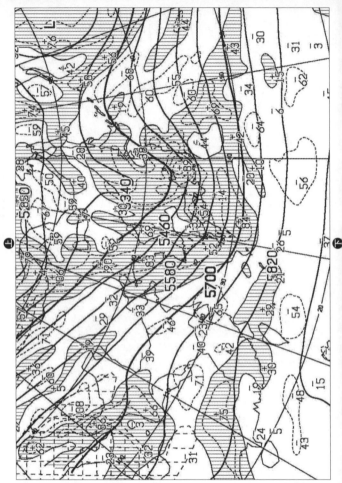

図4　xx 年4月2日21時（12UTC）の500hPa 高度・渦度解析図 [太実線：
高度（m）、破線と細実線：渦度（10^{-6}/s）（網掛け域：渦度>0）]
※この図は左90度回転しています。

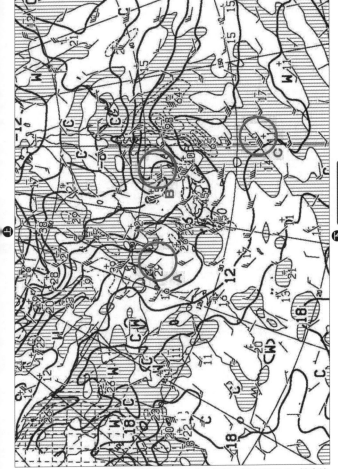

図5　xx年4月2日21時（12UTC）の850hPa気温・風と700hPa鉛直流
解析図［太実線：850hPa気温（℃）、破線と細実線：700hPa鉛直p速
度（hPa/h）（網掛け域：上昇流）、矢羽：850hPa風向・風速（ノット）
（短矢羽：5ノット、長矢羽：10ノット、旗矢羽：50ノット）］
※この図は左90度回転しています。

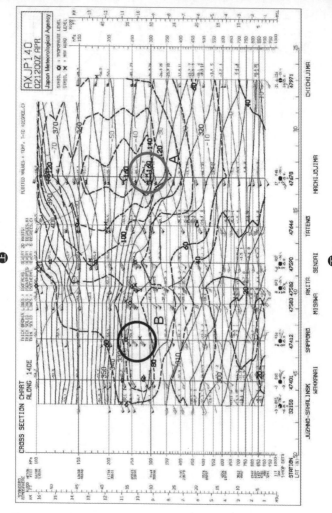

図6　xx 年4月2日21時（12UTC）の東経140度鉛直断面図 ［太実線：温位（K）、細実線：気温（℃）、太破線：風速（ノット）］
※この図は左90度回転しています。

実技1 ―解答・解説―

A 01

解答例 ①36 ②141 ③988 ④北東 ⑤暴風
⑥12 ⑦南 ⑧900 ⑨500 ⑩55 ⑪988
⑫東 ⑬10 ⑭高気圧 ⑮濃霧

解説 ①～④天気図から読み取ること
もできるが、発達中の低気圧や台風の
場合には、天気図の余白に低気圧の中
心位置や中心気圧などの情報が英文記
事として記入されている。⑤低気圧の

```
DEVELOPING LOW
988 hPa
36N 141E
NE 15 KT
EXPECTED WINDS 30 TO 55 KT
WITHIN 900 MILES OF LOW S-SEMI
AND 500 MILES ELSEWHERE
FOR NEXT 12 HOURS.
```

暖域に［SW］の記号（海上暴風警報）がある。⑥～⑩天気
図の中の英文記事から読み取る。⑪～⑬低気圧の南西側に中
心気圧が、北東側に白矢印で進行方向が、矢印の上に速度が
記入されている。⑭白抜きのHの文字（高気圧を表す）が
付されている。⑮高気圧の南西側にFOG［W］（海上濃霧警
報）の記号がある。

⚡実技試験

....

A 02

解答例 右図、描
画指定範囲近傍の
みを示す

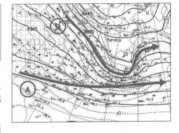

解説 図4、5、6よりジェッ
ト気流は東経140度線上
で、Aは「八丈島」付近、B
は「札幌」付近を通る。
300hPa天気図に破線で描
画されている等風速線（ノット）と各観測点の実測風を考慮
して、指定された経度範囲に2本のジェット気流を記入する。
どちらのジェット気流も関東付近と秋田沖の2つの低気圧に
関連した寒帯前線ジェット気流と考えられる。

....

A 03

解答例 右図、前
線付近のみを示す

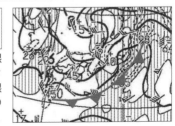

解説 850hPa面の等温線
が集中し、気温傾度が大き
いところの南端が寒冷前線
に相当する。この問題の
850hPa面の寒冷前線は、

図2の地上天気図に描かれた寒冷前線より、北側に位置していることに注意する。

(解答例) 右図、気圧の谷付近のみを示す

(解説) 気圧の谷（トラフ）の位置は、等高度線が南側に張り出しているところである。気圧の谷の位置では、渦度が正の大きな値を示す。秋田沖の低気圧に対応する気圧の谷は、低気圧の上空のやや西側に描くことができる。なお、緯度35度より南側にはジェット気流Aに関連するとみられる別の気圧の谷が、ほぼ緯度33度、東経135度から緯度27度、東経130度にかけて見られる。

A 05

(解答例) ①地上低気圧と上空の気圧の谷との位置関係：地上低気圧の**わずかに西**に上空の気圧の谷（19字）

②地上低気圧とジェット気流A・Bとの位置関係：ジェット気流Bの寒気側（11字）

(解説) ①図2より、秋田沖の地上低気圧中心は北緯40度、東経138度付近にある。図3の300hPaの気圧の谷とA04で解析した図4の500hPaの気圧の谷は、どちらも東経136～138度付近にある。なお、上空の気圧の谷の西傾が小さいので、低気圧は最盛期～閉塞期の段階にあると考えられる。②秋田沖の地上低気圧は、ジェット気流Bとして現れている傾圧帯（風の鉛直シアー）によって発達し、閉塞過程に入ったものと考えられる。

A 06

(解答例) 領域A：暖気移流　領域B：寒気移流　領域C：暖気移流

(解説) 等温線に対して交差する風が吹いている場において、気温の高い（低い）側から低い（高い）側へ向かう場は暖気

移流（寒気移流）と判断される。A は9℃→6℃で暖気移流、B は0℃→3℃で寒気移流、C は12℃→9℃で暖気移流である。

解答例 気圧の谷の東側に雲頂高度の高い上層雲が広がっている（25字）

解説 気圧の谷の西側では北から乾燥した寒気が流入し、A03で解析した850hPa面や地上の寒冷前線を生じ、気圧の谷の東側では南から湿潤な暖気が流れ込む。また、Q08の図5における700hPa鉛直p速度が、西側ではおおむね下降流で雲は発生しにくく、東側ではおおむね上昇流で雲が発生しやすいことや、A06で考察した寒気移流と暖気移流の領域とも矛盾しない。

解答例 雲域はおおむね上昇流域と対応している（18字）

解説 A04および A07で考察したように、気圧の谷の西側ではおおむね鉛直p速度が正の領域（下降流域）であり、東側では上昇流域である。寒気の下降域では雲は発生しにくく、暖気の上昇域では雲が発生しやすい。

解答例 低気圧の東側で暖気移流と上昇流が、西側で寒気移流と下降流が卓越している（35文字）

解説 図5で、北緯36度、東経141度に中心を持つ関東付近の低気圧の周辺の気温と鉛直p速度の分布に着目すると、低気圧の中心の東側で暖気移流と上昇流が、西側で寒気移流と下降流が卓越しているのが読み取れる。温帯低気圧は、南北の水平温度傾度に起因する有効位置エネルギーから変換された運動エネルギーによって発達する。低気圧の中心に向かって吹き込む風によって後面の西側で寒気移流と冷たくて重い空気の下降による下降流が卓越し、前面の東側で暖気移流と暖かくて軽い空気の上昇による上昇流が卓越する構造となっている場合は、低気圧にエネルギーが供給される構造であるため、これらの分布の特徴から発達過程にあることが読み取れる。

実技試験

実技2

次の資料を基に以下の問題に答えよ。

図1　地上天気図　xx年7月10日21時（12UTC）

図2　500hPa天気図　xx年7月10日21時（12UTC）

図3　700hPa天気図　xx年7月10日21時（12UTC）

図4　850hPa気温・風と700hPa鉛直流24時間予想図
　　　初期時刻 xx年7月10日21時（12UTC）

図5　気象衛星赤外画像　（左）xx年7月10日21時（12UTC）
　　　（右）11日21時（12UTC）

図6　気象衛星可視画像　（左）xx年7月11日12時（03UTC）
　　　気象衛星赤外画像　（右）xx年7月11日12時（03UTC）

図7　気象衛星水蒸気画像　（左）xx年7月11日09時（00UTC）
　　　（右）11日21時（12UTC）

図8　長崎県厳原のウィンドプロファイラで観測した風の鉛直
　　　時間分布　xx年7月11日09時（00UTC）-15時（06UTC）

Q10 図1と図5（左）を用いて、日本付近の気象概況を述べた次の文章の空欄（①）～（⑮）に入る適切な語句または数値を記入せよ。

日本海には（①）hPaの低気圧があり、北東へ（②）ノットで進んでいる。中心から（③）前線が南南東にのび北緯33度、東経143度に達し、また、（④）前線が北緯（⑤）度、東経130度にのび、そこから（⑥）前線が北緯（⑦）度、東経120度を通り、北緯（⑧）度、東経（⑨）度に達している。（③）前線、（④）前線および（⑥）前線の近傍では、気象衛星赤外画像から、背の高い（⑩）雲の発生が顕著である。

低気圧の前面にあたる日本の東海上には海上（⑪）警報が、また、（⑫）、（⑬）、（⑭）、オホーツク海、および、日本の東海上を含む波線で囲まれた海域には海上（⑮）警報が発表されている。

Q11 図4、図5（右）を用いて、700hPa面における日本付近の比較的強い上昇流域（−20hPa/hの等値線で囲んだ領域）と、この時刻の実況にあたる衛星画像の輝度が強い領域との対応を50字程度で述べよ。

Q12 図2の500hPa天気図および図3の700hPa天気図のどちらにも、日本付近に強風域が見られる。それぞれ

の天気図で40ノット以上の風が吹いている領域を実線で囲んで図示せよ。

Q 13 ■■ Q12で解析した500hPa天気図及び700hPa天気図の強風域を比較して、次の特徴についてそれぞれ指定の字数程度で述べよ。
① 強風域の形状と位置（50字）　② 風速（35字）
③ 前線との関係（20字）

Q 14 ■■ 提示資料としての雨量分布図はないが、7月10日は東北地方や北海道で大雨となった。この大雨の要因について、Q12やQ13で解析した700hPaの強風域および図3の700hPaの湿数3℃以下の湿潤域の特徴を、位置関係に着目して30字程度で述べよ。また、強風域は、発生高度や性質から何と呼ばれているか答えよ。

Q 15 ■■ 図6は、それぞれ7月11日正午の可視画像と赤外画像であるが、赤丸で示されている2つの領域（①北海道の西の海上と、②朝鮮半島から九州にかけての海上）には、特徴的な雲が分布している。それぞれの領域について雲の種類を十種雲形で答え、また、その根拠をそれぞれ50字程度で述べよ。

Q 16 ■■ 図5（右）は7月11日21時の気象衛星赤外画像であり、図7（右）は同時刻の気象衛星水蒸気画像である。これらの画像の違いを日本付近の明域に着目して70字程度で述べよ。

Q 17 ■■ 図7（左）と（右）は、それぞれ、7月11日09時とその12時間後の11日21時の気象衛星水蒸気画像である。12時間の経過による水蒸気画像の変化の特徴を、前線の移動と関連付けて50字程度で述べよ。

Q 18 ■■ 図8は厳原（北緯34度、東経129度付近）のウィンドプロファイラで観測した上空の風の観測図で、図7の水蒸気画像の変化のうちの前半の期間にあたる。図8に見られる風の変化の特徴を高度を示し、前線の通過と関連付けて60字程度で述べよ。

Q 19 ■■ Q10の空欄（⑥）の前線は、発生時期や性質から何と呼ばれているか答えよ。

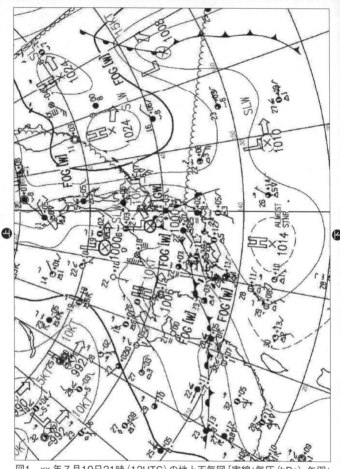

図1　xx 年 7 月10日21時（12UTC）の地上天気図［実線：気圧（hPa）、矢羽：
　　　風向・風速（ノット）（短矢羽：5ノット、長矢羽：10ノット、旗矢羽：
　　　50ノット）］
　　　※この図は左90度回転しています。

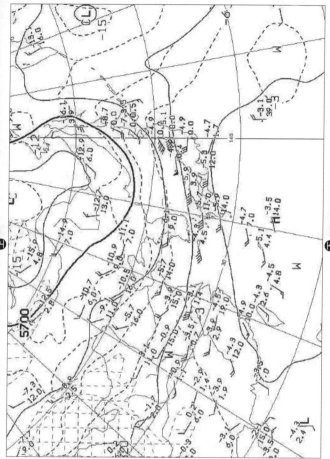

図2　xx 年7月10日21時（12UTC）の500hPa 天気図　[実線：高度（m）、
破線：気温（℃）、矢羽：風向・風速（ノット）（短矢羽：5ノット、長矢羽：
10ノット、旗矢羽：50ノット）]
※この図は左90度回転しています。

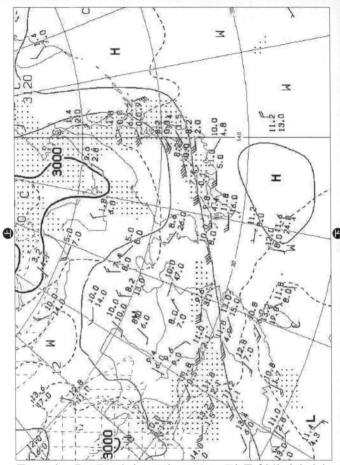

図3　xx 年 7 月10日21時（12UTC）の700hPa 天気図 ［実線：高度（m）、
　　　破線：気温（℃）、網掛け域：湿数≦3℃、矢羽：風向・風速（ノット）（短
　　　矢羽：5ノット、長矢羽：10ノット、旗矢羽：50ノット）］
　　　※この図は左90度回転しています。

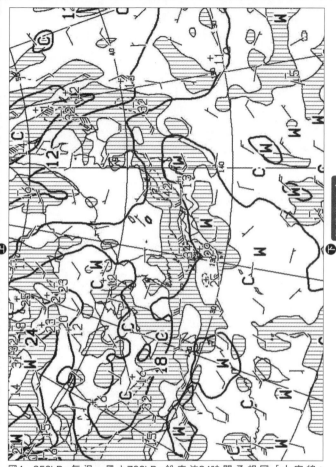

図4 850hPa気温・風と700hPa鉛直流24時間予想図［太実線：850hPa気温（℃）、破線と細実線：700hPa鉛直p速度（hPa/h）、矢羽：850hPa風向・風速（ノット）（短矢羽：5ノット、長矢羽：10ノット、旗矢羽：50ノット）］ 初期時刻［xx年7月10日21時（12UTC）］
※この図は左90度回転しています。

実技試験

図5（左） xx年7月10日21時（12UTC）の気象衛星赤外画像

図6（左） xx年7月11日12時（03UTC）の気象衛星可視画像

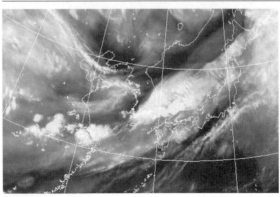

図7（左） xx年7月11日09時（00UTC）の気象衛星水蒸気画像

図5（右） xx年7月11日21時（12UTC）の気象衛星赤外画像

図6（右） xx年7月11日12時（03UTC）の気象衛星赤外画像

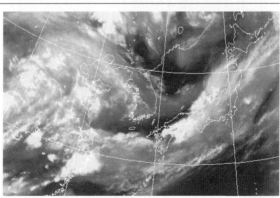

図7（右） xx年7月11日21時（12UTC）の気象衛星水蒸気画像

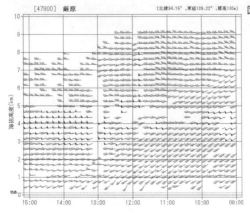

[47800] 厳原　　　　　　　　(北緯34.15°,東経129.22°,標高130m)

図8 長崎県厳原のウィンドプロファイラで観測した風の鉛直時間分布［表示期間：xx年7月11日09時（00UTC）−15時（06UTC）］

解答・解説

A 10

解答例 ①1000　②10　③温暖　④寒冷　⑤36
⑥停滞　⑦32　⑧27　⑨108　⑩積乱　⑪強風
⑫東シナ海　⑬黄海　⑭日本海（⑫〜⑭は順不同）
⑮濃霧

解説 ①②青森県の西にある低気圧中心の南側に中心気圧が、北東側の白抜き矢印の先端に進行速度が記されている。③低気圧中心から南東側にのびているのは、記号から温暖前線である。④⑤東経130度の方向にのびているのは寒冷前線である。⑥〜⑨寒冷前線のさらに西側にのびているのは停滞前線である。⑩前線近傍では雲が発生し、赤外画像で輝度の強い雲は背が高い積乱雲が主体である。⑪低気圧の前面（進行方向側）には［GW］の記号があり、海上強風警報の略号である。⑫〜⑮東シナ海、黄海、日本海、オホーツク海の海域にはFOG［W］の記号があり、日本の東海上の波線で囲った海域にもFOG［W］の記号がある。これは海上濃霧警報を表す。

A 11

解答例 それぞれの強い部分はほぼ対応しているが、九州付近では実況の雲域と予想の上昇流域の違

いが大きい（46字）

(解説) 図4の24時間予想図に、破線と細実線で描かれた等値
線の網掛け域が上昇流域を表す。この高度の上昇流は雲の発
生と密接な関係があり、上昇流域と図5の輝度が強い雲域を
比べると、ほぼ対応している。しかし、日本付近に着目する
と、図4では九州の北部に－34の上昇流の極値が見られるが、
図5の赤外雲画像には輝度の強い雲域は見られない。

(解答例)
①
500hPa
天気図（日
本付近の
み表示）

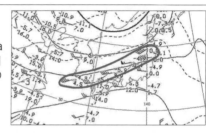

②
700hPa
天気図（日
本付近の
み表示）

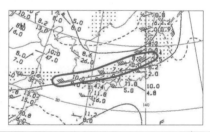

(解説) 両方の天気図で、長矢羽が4本以上および旗矢羽が描
かれている観測点を実線で囲む。

A 13

(解答例)　①ともに幅の狭い帯状の強風域であり、
500hPa の強風域のほぼ直下に700hPa の**強風域**が
ある（46字）　②両者の風速はほぼ同じくらいで、
場所によっては500hPa の方が**強い**（33字）　③地
上の寒冷前線から停滞前線に沿っている（19字）

(解説) Q14で考察する下層ジェットが、500hPaの高度まで
形成されている事例である。下層ジェットについては未解明
の部分も多いが、寒冷前線や停滞前線に伴う活発な対流活動

357

により、上空からの運動量の輸送や、下層での南からの強い暖湿気流の流入と収束が主要因と考えられる。

(解答例) 特長：大雨域の風下側で湿潤域と強風域の位置がほぼ一致している（27文字）強風域の名称：下層ジェット

(解説) A12で解析した700hPaの強風域と、700hPaの湿潤域の位置関係に着目すると、ほぼ一致しているのが読み取れる。また、強風域は大雨域の風下側に位置しており、この強風によって湿潤な空気が流入することが大雨の要因と考えられる。また、A13で解説しているように、下層における暖湿な空気を運ぶ強風域を下層ジェットと呼ぶ。

(解答例) 領域①の雲の種類：層雲または霧　根拠：可視画像では表面が滑らかに見え、赤外画像では輝度が弱いので雲頂高度の低い層状性の雲である（44文字）　領域②の雲の種類：積乱雲　根拠：可視画像で表面が凹凸に見え、可視画像と赤外画像の両方で輝度が強いので雲頂高度が高い厚い雲である（47文字）

(解説) 赤外画像では、雲頂高度が高く雲頂温度の低い雲ほど輝度が強く表現される。また可視画像では雲の形状や厚みがそのまま表現される。これらの特徴から、可視画像で比較的表面が滑らかに見え、赤外画像で輝度が弱く表現されている領域①の雲は下層の層状性の雲と判断されるので、層雲または霧である。可視画像で表面が凹凸に見え、可視と赤外の両方で輝度が強い領域②の雲は背が高く厚みのある対流性の雲なので積乱雲である。

(解答例) 赤外画像の明域は雲頂高度が高く厚い雲域を、水蒸気画像の明域は**中上層の水蒸気量が多い**領域を表し、とくに九州以西で明域の広がりの違いが大きい（68字）

(解説) 赤外画像と水蒸気画像とでは観測するものが異なることと、日本付近における明域の顕著な違いを述べる。水蒸気画像に明域が見られても（大気が湿潤であることを意味す

358

る)、雲頂高度が高く厚い雲が生じない場合は、赤外画像には輝度の強い明域は見られない。寒冷前線付近では積乱雲の発生が活発であり、赤外画像の明域が見られる。この積乱雲の源になる水蒸気を送り込む九州以西では、水蒸気画像で明域が明らかであるが、積乱雲の発生は四国から東北地方にかけての領域で活発となっている。

実技試験

(解答例) 前線の南下に伴って、水蒸気画像の明域とその北側の暗域が南下し、暗域はより顕著になっている (44字)

(解説) 7月10日21時以外の天気図は示されていないが、図5（左）から前線に対応する赤外画像の雲域が明瞭であり、10日21時から11日21時にかけて前線が南下していることがわかる。前線をはさんで水蒸気画像の明域とその北側に暗域が見られ、前線の南下に伴って明域と暗域も南下し、暗域はより顕著になっている。暗域では、暖かく湿った下層大気の上空に乾燥大気が分布し、厚い対流不安定層を形成するため、対流活動が活発になると考えられる。

(解答例) 前線通過までは、南西から南南西の風が強く、通過後は西風が強まり、通過前後ともに3〜5km の高度に強風域が存在する (56字)

(解説) 前線が南下して通過した時の厳原（11日昼前後）の風の観測状況から、前線の風の南北構造の鉛直分布の詳細がわかる。前線の前面では下層風の南成分が大きく、下層の強風域の存在と暖湿気の流入が顕著である。一方、後面では上空が乾燥していて（ウィンドプロファイラ観測図で上空の乾燥空気に対応すると見られるデータの空白域が現れている）、南下する乾燥域（水蒸気画像では暗域）の先端（南端）で積乱雲の活発な雲域が厳原を通過した状況を示している。

(解答例) 梅雨前線

(解説) 季節が7月中旬であることと、各問の考察内容から、⑥の停滞前線は温度傾度より水蒸気量傾度が大きいことがわかる。この特徴は西日本以西の梅雨前線に特有のものである。

実技3

次の資料を基に以下の問題に答えよ。

図1　地上天気図　xx 年9月6日9時（00UTC）

図2　図1の地上天気図の台風18号近傍を切り出した300hPaの
　　　天気図　xx 年9月6日9時（00UTC）

図3　図1の地上天気図の台風18号近傍を切り出した500hPaの
　　　天気図　xx 年9月6日9時（00UTC）

図4　図1の地上天気図の台風18号近傍を切り出した700hPaの
　　　天気図　xx 年9月6日9時（00UTC）

図5　図1の地上天気図の台風18号近傍を切り出した850hPaの
　　　天気図　xx 年9月6日9時（00UTC）

図6　yy 年9月17日に台風第 y 号が熊本県 A 市を通過した時の
　　　B 港における実測潮位と潮位偏差図

図7　沿岸波浪実況図　zz 年9月6日21時

Q 20　図1を用いて、東シナ海にある台風に関する気象状況
を述べた次の文章の空欄（①）〜（⑬）に入る適切な
語句または数値を記入せよ。

図1の地上天気図には、北緯（①）度、東経（②）度に中心気圧（③）hPa の台風第18号があって、（④）に（⑤）ノットで進んでいる。台風の位置決定精度は（⑥）である。中心付近の最大風速は（⑦）ノットで、台風の東側（⑧）海里と西側（⑨）海里の半円内で風速50ノット以上の暴風が吹いている。

日本海から東北地方にかけては（⑩）前線がのびており、台風の接近で前線の活動が活発になる恐れがある。台風の進路にあたる地方では、今後、台風に伴う暴風、海上の（⑪）と沿岸の（⑫）および台風と前線の活動による（⑬）に厳重な警戒が必要である。

Q 21　Q20で考察した内容を基に、図1の台風の「強さ」と
「大きさ」の階級を答えよ。

Q 22　図1の台風の東側に記されている海上警報の種類を答
えよ。また、この警報が発表される状態（条件）を
55字程度で述べよ。

Q 23　図1～図5を用いて、台風の構造について述べた次の文章の空欄（①）～（⑬）に入る適切な語句または数値を記入せよ。なお、同じ番号には同じ語句または数値が入る。

　台風の特徴の1つは、気温、水蒸気量、気圧などの物理量が中心の周りに（①）状に分布していることである。また、地上から上層まで、気圧の谷を結ぶ軸が鉛直方向に（②）していることも特徴の1つである。

　700hPaと500hPaとで、台風を取り巻く等高度線の間隔を比較すると、（③）hPaの方が大きい。これは、700hPaと500hPa間の層厚が、台風の中心部と周辺部とを比べて、（④）部の方が大きいことによる。すなわち、層厚の関係から700hPaと500hPa間の平均気温は、台風の（④）部の方が高いことを表す。このため気圧傾度は（⑤）ほど大きくなり、風速も強くなる。台風周辺の観測点「名瀬」（北緯28.5度、東経129.5度付近）の風は、300hPaでは南南東の風75kt、500hPaでは南風（⑥）kt、700hPaでは南風（⑦）kt、850hPaでは南風95ktとその傾向が見られる。

　各高層天気図において、台風周辺では、ほぼ（⑧）に沿って風が吹いており、台風周辺の空気塊は台風の中心の周りを（⑨）回りに回転している。この時、空気塊に働く3つの力、すなわち台風の中心に向かう（⑩）力と、外に向かう（⑪）力および（⑫）力が釣り合っている。この風の特徴と比べて、地上付近の風は特徴が異なっている。地上付近の風向は台風の中心の方向に向かい、風速は上空に比べて弱い。これは、地上付近の空気塊には、上に述べた3つの力に加えて、地表面から受ける（⑬）力が加わっているためである。

Q 24　Q23で考察した台風中心付近に特有な気温の特徴を表す気象用語を答えよ。また、このような気温分布が生じる原因を、台風の目の中と台風の目周辺の壁雲内に分けてそれぞれ15字程度および25字程度で述べよ。

Q 25　図6はyy年9月17日に台風第y号が熊本県A市を通過した時のB港における1時間毎の実測潮位と潮位偏差の変化図である。この図から、B港で最大潮位と最大潮位偏差を観測した偏差と時刻をそれぞれ単位を付して答えよ。

実技試験

361

Q 26 図6を用いて、満潮時刻が台風最接近の時刻と比較して「早い」「同じ」「遅い」かを答え、そのように判断した理由をそれぞれの時刻を示して60字程度で述べよ。

Q 27 図7は zz 年9月6日に台風 z 号が九州に接近した時の沿岸波浪図である。この図から台風の中心に近い「種子島東方沖（Lの記号で表示）」での波浪要素（卓越波向、卓越周期、波高）および海上風の風向・風速の値を答えよ。

Q 28 図7に円で示された2つの領域（①九州の西海上、②東海地方の南海上）内で、それぞれ卓越波向、卓越周期、波高（整数値で）を答えよ。また、2つの領域のうち、うねりが卓越している領域を①か②で答え、そのように判断した理由を30字程度で述べよ。

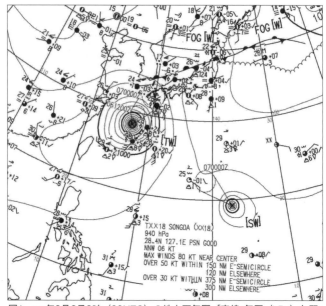

図1　xx 年9月6日9時（00UTC）の地上天気図 ［実線：気圧 (hPa)、矢羽：風向・風速（ノット）（短矢羽：5ノット、長矢羽：10ノット、旗矢羽：50ノット）］

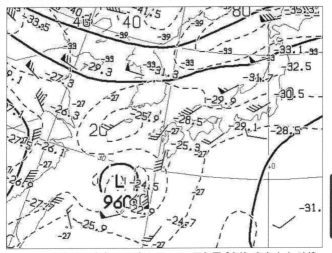

図2 xx 年9月6日9時（00UTC）の300hPa 天気図 [実線：高度（m）、破線：気温（℃）、矢羽：風向・風速（ノット）（短矢羽：5ノット、長矢羽：10ノット、旗矢羽：50ノット）]

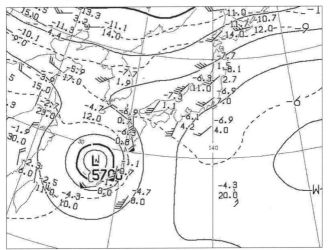

図3 xx 年9月6日9時（00UTC）の500hPa 天気図 [実線：高度（m）、破線：気温（℃）、矢羽：風向・風速（ノット）（短矢羽：5ノット、長矢羽：10ノット、旗矢羽：50ノット）]

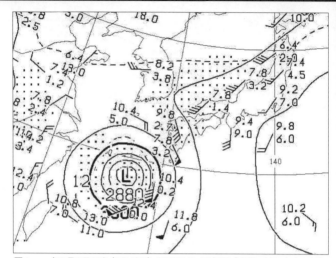

図4　xx 年9月6日9時（00UTC）の700hPa 天気図 ［実線：高度（m）、破線：
　　　気温（℃）、網掛け域：湿数≦3℃、矢羽：風向・風速（ノット）（短矢羽：
　　　5ノット、長矢羽：10ノット、旗矢羽：50ノット）］

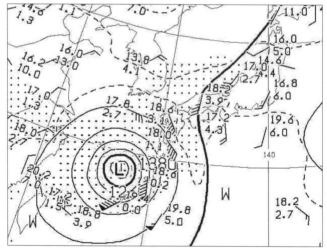

図5　xx 年9月6日9時（00UTC）の850hPa 天気図 ［実線：高度（m）、破線：
　　　気温（℃）、網掛け域：湿数≦3℃、矢羽：風向・風速（ノット）（短矢羽：
　　　5ノット、長矢羽：10ノット、旗矢羽：50ノット）］

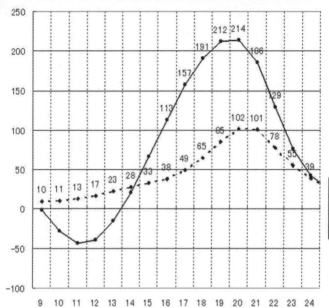

図6 yy 年9月17日9時〜24時に台風第 y 号が熊本県 A 市を通過した時の B 港における実測潮位（実線）と潮位偏差（点線）の図（潮位は TP からの高さで cm 単位）

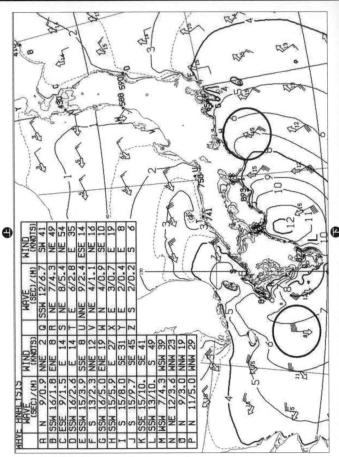

図7　沿岸波浪実況図　zz 年9月6日21時
※この図は左90度回転しています。

	WAVE (SEC)/(M)	WIND (KNOTS)		WAVE (SEC)/(M)	WIND (KNOTS)
A	N 9/0.9	NNE 2	Q	SSW 12/6.7	SW 41
B	SSW 16/1.8	ENE 8	R	NE 7/4.3	NE 49
C	ESE 9/1.5	E 14	S	NE 8/5.4	NE 54
D	SSW 16/2.6	E 14	T	E 6/2.8	E 35
E	SSW 15/3.9	SSE 8	U	E 9/2.4	ESE 14
F	S 15/3.9	NNE 12	V	NE 4/1.1	NE 16
G	SSW 16/5.0	ENE 19	W	N 4/0.9	SE 10
H	SSW 15/5.9	E 27	X	E 3/0.7	E 19
I	S 15/8.0	SE 31	Y	E 2/0.4	E 17
J	S 15/9.7	SE 45	Z	S 2/0.2	S 6
K	SSE 15/10.	SE 41			
L	SSW 13/10.	S 49			
M	WSW 7/4.3	WSW 39			
N	NE 12/3.6	NNW 23			
O	N 9/3.0	NNW 19			
P	N 11/5.0	NNW 29			

A 20

(解答例) ①28.4 ②127.1 ③940 ④北北西 (NNW) ⑤6 ⑥正確 ⑦80 ⑧150 ⑨120 ⑩停滞 ⑪高波 ⑫高潮 ⑬大雨

(解説) ①～⑨地上天気図に付記されている英文海上警報の記事の読み取りから解答できる。英文海上警報の読み取りは、台風や発達中の低気圧に対する基礎知識である。⑩～⑬気象現象による一般的な災害の種類の知識が問われている。

 A 21

(解答例) 強さ：強い 大きさ：大型

(解説) 台風の「強さ」と「大きさ」は台風域の風速を基準に決められている。強さは、最大風速で決まり、80ノット（40m/s）は「強い」の階級に入る。大きさは、15m/s（30ノット）以上の強風域の半径で決まる。この図の場合は暴風域、強風域とも円対称ではなく東半円と西半円で異なっているので、両者の平均を半径にする。強風域は、半径が（375海里 +300海里）/2≒338海里の円で表され、1海里（NM）≒1.85kmであるので、338×1.85≒625kmとなる。したがって、強風域半径の大きさが500km以上800km未満の「大型」の階級となる。

 A 22

(解答例) 警報名：海上台風警報 発表される状態（条件）：台風により最大風速が64ノット以上の風が吹いている状態、または24時間以内にその状態になると予想された場合（53字）

(解説) [TW] の記号で表されているのが、「海上台風警報」である。この警報は、台風により、最大風速が、①現況で64ノット以上の状態にある、②現況は64ノット未満でも、今後24時間以内に64ノット以上に達すると予想される、のいずれかの場合に発表される。解答は①、②を併せて述べなければならない。なお、64ノット以上は「風力階級12以上」と同じなので、風力表現でも良い。

 A 23

(解答例) ①同心円 ②直立 ③500 ④中心 ⑤下層 ⑥65 ⑦80 ⑧等高度線 ⑨反時計 ⑩気圧

傾度 ⑪コリオリ（または転向） ⑫遠心（⑪と⑫
は順不同） ⑬摩擦

(解説) ①②台風の構造の特徴である。③～⑤層厚と層間の平均気温について、天気図から確認する。⑥⑦天気図から指定地点［名瀬］の風速を読み取る。地点の位置は300hPaの風向・風速からも確認できる。⑧～⑬台風の周辺の風が近似できる傾度風についての問題である。

. . . .

 A 24

(解答例) 気象用語：ウォームコア（あるいは暖気核）
目の中の原因：下降気流による断熱昇温（11字）
壁雲内の原因：暖湿気流が上昇して水蒸気が凝結する際の潜熱の放出（24字）

(解説) 台風中心部の上空に見られる台風特有の暖気についてである。この暖気は台風中心の上層で核のように存在しているので、ウォームコア（暖気核）と呼ばれている。これが生じる原因は、解答例にある目の中の断熱昇温と、目周辺の壁雲内での潜熱放出の2つである。

. . . .

A 25

(解答例) 最大潮位：214cm　観測した時刻：20時
最大潮位偏差：102cm　観測した時刻：20時

(解説) 図6のグラフに記入されている毎時値から、潮位と潮位偏差の最大値とそれらが現れている時刻を読み取る。

. . . .

A 26

(解答例) 台風最接近の時刻と比較して：早い　理由：満潮時刻である天文潮位が最大となる時刻は19時で、台風最接近の時刻である潮位偏差が最大となるのは20時であるため（56字）

(解説) 実際の潮位と天文潮位と潮位偏差には、「実際の潮位＝天文潮位＋潮位偏差」という関係がある。図6の実測潮位と潮位偏差から天文潮位を逆算すると、天文潮位は19時頃に最大の127cm（212－85＝127）となっているのがわかる。この天文潮位が最大となるのが、満潮時刻である。一方で、実際の潮位と天文潮位の差である潮位偏差は、月や太陽などによる周期的な変動以外の影響なので、台風による気圧の吸い上げ効果や吹き寄せ効果などが原因で生じる変化とい

える。図6でこの潮位偏差に着目するとA25でも考察したように、20時頃に最大となっている。つまり、この時間帯に台風が最接近したと考えられる。これらのことから、天文潮位が最大となる満潮時刻の19時は、台風が最接近して潮位偏差が最大となる時刻の20時より早い。

A 27

解答例 波浪要素（卓越波向：南南西（SSW）　卓越周期：13秒　波高：10m）　海上風の風向：南（S）　海上風の風速：49ノット）

解説 沿岸波浪実況図で沿岸代表点の波浪要素と海上風の風向・風速は図7の左上に表で示されているので、種子島東方沖であるLで表示されている地点の値を読み取る。

A 28

解答例 領域①（卓越波向：北（N）　卓越周期：8秒　波高：7m）　領域②（卓越波向：南南西（SSW）　卓越周期：15秒　波高：7m）　うねりが卓越している領域：②　理由：海上の風向と卓越波向の違いが大きく、波の卓越周期が長い（27字）

解説 沿岸波浪実況図上では、白抜き矢印が卓越波向、近傍の数値が卓越周期を表している。卓越波向は風向と同じ読み方である。領域①と②の円内の値を読み取る。海上の波は、その領域の海上風で起こる風浪と、別の海域から伝播してきたうねりが重なっている。その海域の波が、風浪あるいはうねりのどちらが卓越しているかの判断は、波向と海上風の風向に着目する。海上風の風向を示す矢羽と波の進む向き（波向）が同じ場合は風浪が卓越していると判断される。一方、これらが異なる場合はうねりが卓越していると判断される。また、卓越周期に着目すると、波の周期が比較的長い場合はうねりが卓越し、周期が短い場合は風浪が卓越していると考えることができる。

実技4

次の資料を基に以下の問題に答えよ。

図1　地上天気図　xx 年3月3日21時（12UTC）
図2　500hPa（上）および850hPa（下）の高層天気図　xx 年
　　　3月3日21時（12UTC）
図3　500hPa 気温・700hPa 湿数12時間予想図
　　　初期時刻 xx 年3月3日21時（12UTC）
図4　850hPa 気温・風と700hPa 鉛直流12時間予想図
　　　初期時刻 xx 年3月3日21時（12UTC）
図5　地上気圧・降水量・風12時間予想図
　　　初期時刻 xx 年3月3日21時（12UTC）

Q 29 　図1を用いて、日本付近の気象概況を述べた次の文章
の空欄（①）〜（⑬）に入る適切な語句または整数値
を記入せよ。

　図1の地上天気図によれば、日本の南海上にある低気圧は、
北緯（①）度、東経（②）度にあり、中心から南東に（③）を、
南西に（④）を伴っており、今後（⑤）しながら東北東へ（⑥）
で進み、12時間後には（⑦）の近海に進む予想である。24
時間後の予報円中心との距離が750海里であるとすると、今
後24時間の平均速度は約（⑧）ノットである。この低気圧に
関して発表されている海上警報によれば、今後（⑨）に予想
される風速の最大は（⑩）〜（⑪）ノットである。また、そ
の範囲は（⑫）以内で、発表されているのは（⑬）警報である。

Q 30 　図2を用いて、日本付近の上空の気象状況を述べた次
の文章の空欄（①）〜（⑦）に入る適切な語句または
整数値を記入せよ。

　図2（上）の500hPa天気図によれば、黄海付近から南
南西にのびる気圧の谷は、北緯38度、東経（①）度から北
緯25度、東経（②）度に達している。一方、図2（下）の
850hPa天気図におけるこれに対応する気圧の谷は、北緯
（③）度、東経（④）度付近の低気圧からおおむね南北にの
びている。低気圧の中心付近には地上など下層の前線に対応
する等温線の集中帯があり、その南縁はおおよそ（⑤）℃の
等温線に対応している。その等温線の集中帯に向かって、気
圧の谷の東側では（⑥）の成分を持つ風が、西側では（⑦）
の成分を持つ風が卓越している。

Q 31 図1で日本の南海上の低気圧が発達中である根拠をQ29とQ30で考察した内容を用いて50字程度で述べよ。

Q 32 図2〜図5を用いて、日本付近上空の500hPaの気温分布について、3月3日21時（12UTC）の初期時刻から12時間後までの変化の特徴と、12時間後の700hPaの湿数分布との対応を55字程度で述べよ。

Q 33 図3と図4を用いて、12時間後における日本付近上空の700hPaの湿数と鉛直p速度の分布の対応を25字程度で述べよ。

Q 34 図4の850hPaの風と気温に着目して、図5で日本の南海上に予想されている低気圧が閉塞状態にあるかの判断をその根拠とともに50字程度で述べよ。

Q 35 Q34で考察した内容を基に、図5の地上予想天気図に地上の前線を記号を用いて記入せよ。

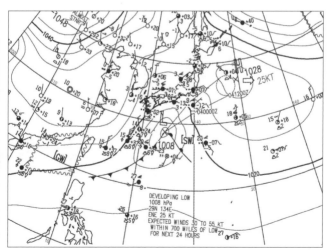

図1　xx年3月3日21時（12UTC）の地上天気図 [実線：気圧（hPa）、矢羽：風向・風速（ノット）（短矢羽：5ノット、長矢羽：10ノット、旗矢羽：50ノット）]

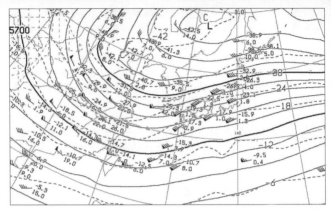

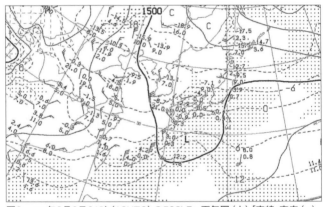

図2　xx年3月3日21時（12UTC）の500hPa天気図（上）[実線：高度（m）、
破線：気温（℃）、矢羽：風向・風速（ノット）（短矢羽：5ノット、長矢羽：
10ノット、旗矢羽：50ノット）]、および850hPa天気図（下）[実線：
高度（m）、破線：気温（℃）、網掛け域：湿数≦3℃、矢羽：風向・風速（ノッ
ト）（短矢羽：5ノット、長矢羽：10ノット、旗矢羽：50ノット）]

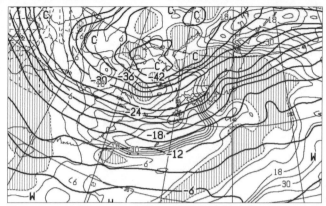

図3 500hPa気温・700hPa湿数12時間予想図［太実線：500hPa気温（℃）、破線と細実線：700hPa湿数（℃）］　初期時刻［xx年3月3日21時（12UTC）］

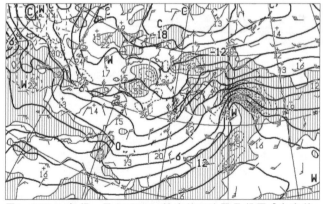

図4 850hPa気温・風と700hPa鉛直流12時間予想図［太実線：850hPa気温（℃）、破線と細実線：700hPa鉛直p速度（hPa/h）、矢羽：850hPa風向・風速（ノット）（短矢羽：5ノット、長矢羽：10ノット、旗矢羽：50ノット）］　初期時刻［xx年3月3日21時（12UTC）］

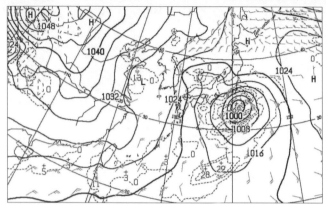

図5 地上気圧・降水量・風12時間予想図 [実線：気圧 (hPa)、破線：予想時刻前12時間降水量 (mm)、矢羽：風向・風速 (ノット) (短矢羽：5ノット、長矢羽：10ノット、旗矢羽：50ノット)] 初期時刻 [xx 年3月3日21時 (12UTC)]

実技4 解答・解説

A 29

解答例 ①29　②134　③温暖前線　④寒冷前線
⑤発達　⑥25ノット　⑦伊豆諸島　⑧30　⑨24時間以内　⑩30　⑪55　⑫低気圧の中心から半径700海里　⑬海上暴風

解説 ①②英文記事から低気圧の中心位置を読み取ることで解答が得られる。発達中の低気圧の場合には低気圧の位置、中心気圧などの情報が英文記事として余白に記入されている。③④低気圧中心から南東側には温暖前線を、南西側には寒冷前線を伴っていることが前線記号からわかる。⑤⑥予報円が付されていることや英文記事から今後24時間に発達すること、進行速度がわかる。⑦最初の予報円は、70% の確率で中心が12時間後に進むとみられる範囲を円で示したものであり、伊豆諸島に表示されている。⑧1海里は緯度1分に相当し、1ノットは1時間に1海里進む速さである。750海里を24時間で進む速さは時速約31.3海里なので、約30ノットとなる。⑨～⑫英文記事から読み取ることができる。⑬低気圧の東側に [SW] (海上暴風警報) の記号がある。

A 30

解答例 ①125 ②125 ③29 ④133 ⑤12
⑥南 ⑦北

解説 ①②500hPa天気図では、ほぼ東経125度線上に気圧の谷（トラフ）がのびている。③④850hPa天気図で四国の南海上に見られるLの記号が低気圧を表す。⑤Lの記号の近傍に等温線の集中帯が位置しており、その南縁の等温線の値は12℃である。⑥⑦天気図に記入された矢羽の風向から読み取る。

 A 31

解答例 気圧の谷は上層ほど**西**に位置していて、気圧の谷の前面で暖気移流、後面で寒気移流の分布となっている（47字）

実技試験

解説 地上、850hPa、500hPa天気図の低気圧の位置および気圧の谷の位置を比べてみると、高度が高くなるほど西（後方）に位置している。このような位置関係は、低気圧が発達している時の特徴である。また、850hPa天気図で、低気圧の東（前面）で顕著な暖気移流が、西（後面）で寒気移流が見られるのも、低気圧が発達している時の特徴である。

 A 32

解答例 東シナ海から西日本にかけては気温の低下が大きく**乾燥**していて、東日本以東では気温の変化が小さく**湿潤**である（51字）

解説 図2（上）の天気図では、東シナ海から西日本にかけては -30〜 -18℃の等温線が表示されているが、図3の天気図では、同じ地域に -42〜 -27℃の等温線が表示されており、約10℃の気温の低下が見られる。また、図3の天気図の700hPaの湿数に注目すると、一部を除いて東シナ海から西日本にかけての湿数が、3℃より大きく乾燥している。一方、東日本以東では、図2（上）の天気図で -36〜 -24℃の等温線が表示されていて、図3の天気図でもほぼ同じ -36〜 -21℃の等温線が表示されていることから、気温の変化は小さい。また、図3の天気図で700hPaの湿数は、東日本以東では3℃より小さく湿潤である。

A 33

(解答例) 上昇流域で湿潤、下降流域で乾燥の分布となっている（24字）

(解説) 図3の700hPaの湿数分布と図4の700hPaの鉛直p速度分布に着目すると、解答例のような分布の特徴が読み取れる。細部まで見ると、700hPaの下降流域が低気圧中心の南西側に進入していることも読み取れる。

 A 34

(解答例) 850hPaの等温線の集中帯が北に大きく進入して暖域が狭くなっているので、**閉塞に近い状態**にある（47字）

(解説) 図4の850hPaの等温線に着目すると、寒冷前線と温暖前線を示す温度傾度の大きい領域（等温線の集中帯）が見られ、両者の接点が北に盛り上がっているので、暖域が狭くなっていると判断される。このことから、低気圧は閉塞に近い状態にあると考えられる。

A 35

(解答例) 下図（前線付近のみを示す）

(解説) A34から、低気圧は閉塞に近い状態にあるが、前線としては閉塞前線を描くまでには到っていないと考えられる。850hPaの寒冷前線と温暖前線は、温度傾度の大きい等温線の集中帯の南縁において、850hPaの風の水平シアー、700hPaの上昇流域の分布と極値に着目して描画する。地上天気図の前線は、850hPaの前線より南側において気圧分布（曲率の大きいところ）、風の水平シアー、降水量分布に着目して描画する。

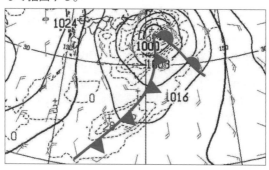

• Memo •

著者紹介

■ユーキャン気象予報士試験研究会
本会は、気象予報士試験対策本の制作にあたり、気象予報に関する幅広い専門知識を有する著者を中心に、結成されました。

●監修・執筆　上杉　亜紀子（うえすぎ　あきこ）
スキューバダイビングのインストラクター時代に命を守るための知識として気象に興味を持ち、気象予報士の資格を取得。民間の気象会社で予報業務やキャスターの実務経験を積んだ後、ユーキャン気象予報士合格指導講座の講師業務に従事。過去問解説の執筆や、受講生からの質問対応などの業務を通じて、合格のための効率的な学習方法を伝えている。

ユーキャンの資格本アプリ

スマホアプリでいつでもどこでも！

**ユーキャンの
資格本アプリ**

好評の一問一答集がどこでも
学習できるスマホアプリです。

AppStore／GooglePlayでリリース中！

詳しくはこちら
（PC・スマートフォン共通）
http://www.gakushu-app.jp/shikaku/

◆気象予報士一問一答◆

「ユーキャンの気象予報士これだけ！一問一答＆要点
まとめ第4版」のアプリ版です。
復習帳、小テストなどアプリならではの便利な機能が
盛りだくさん。

・復習帳機能…チェックした問題、スキップした問題、間違
　　　　　　えた問題だけを項目別に解ける！
・小テスト機能…ランダム出題で実力チェックができる！

ユーキャンの資格試験シリーズ

イチから学ぶ気象予報士の入門書

ユーキャンの
気象予報士
入門テキスト

A5判　316ページ

2色（＋巻頭4色）

本体1,800円＋税

著：ユーキャン気象予報士試験
　　研究会

初学者でも安心のわかりやすい解説で、本格学習への
ステップアップを応援！
見開き完結でサクサク学べる！全科目網羅の73レッスン。

本書の特徴

◆フルカラー巻頭特集≪気象美景≫を収録！
◆初学者でも安心のコンテンツが満載
◆試験の感触が掴める過去問を掲載！
＜収録内容＞
　巻頭特集：気象美景
　前章：天気の仕組み
　第1章：一般知識
　第2章：専門知識
　第3章：実技

ユーキャンのよくわかるシリーズ

マンガと図解で身につく
よくわかる
天気・気象

A5判　272ページ

4色オールカラー

本体1,700円+税

監修：(一社) 日本気象予報士会

著：主筆　大西晴夫
　　(一社)日本気象予報士会有志
　　グループ

天気予報の歴史から気象現象の仕組み、異常気象、気象情報活用の最前線まで、マンガと図解でわかりやすく解説。

本書の特徴

◆マンガで楽しく学べる！
◆気象への理解が深まるコンテンツが満載！
<収録内容>
Part1：私たちは気象・天気とどう付き合って
　　　　きたか
Part2：地球を駆け巡る風と水
Part3：気象災害と地球温暖化
Part4：生活に密接に関係した気象の世界
Part5：気象にまつわるショートストーリー
Part6：天気予報が楽しくなる天気図の見方

●法改正・正誤等の情報につきましては、下記「ユーキャンの本」
　ウェブサイト内「追補（法改正・正誤）」をご覧ください。
　https://www.u-can.co.jp/book/information

●本書の内容についてお気づきの点は
　・「ユーキャンの本」ウェブサイト内「よくあるご質問」をご参照くだ
　　さい。
　　https://www.u-can.co.jp/book/faq
　・郵送・FAXでのお問い合わせをご希望の方は、書名・発行年月日・
　　お客様のお名前・ご住所・FAX番号をお書き添えの上、下記まで
　　ご連絡ください。
　【郵送】〒169-8682 東京都新宿北郵便局 郵便私書箱第2005号
　　　　　ユーキャン学び出版 気象予報士資格書籍編集部
　【FAX】 03-3378-2232
　◎より詳しい解説や解答方法についてのお問い合わせ、他社の書籍の
　　記載内容等に関しては回答いたしかねます。
●お電話でのお問い合わせ・質問指導は行っておりません。

ユーキャンの気象予報士 これだけ！一問一答＆要点まとめ　第4版

2011 年 9 月 26 日　初　　版　第 1 刷発行
2013 年 11 月 22 日　第 2 版　第 1 刷発行
2017 年 2 月 24 日　第 3 版　第 1 刷発行
2024 年 3 月 22 日　第 4 版　第 1 刷発行

編　者　　ユーキャン気象予報士試験研究会
発行者　　品川泰一
発行所　　株式会社 ユーキャン学び出版
　　　　　〒 151-0053　東京都渋谷区代々木 1-11-1
　　　　　Tel 03-3378-1400
発売元　　株式会社 自由国民社
　　　　　〒 171-0033 東京都豊島区高田 3-10-11
　　　　　Tel 03-6233-0781（営業部）

印刷・製本　シナノ書籍印刷株式会社